中国儿童 太空 百科全书

CHINESE CHILDREN'S
ENCYCLOPEDIA OF SPACE

浩瀚的宇宙

THE VASTNESS OF THE
UNIVERSE

中国大百科全书出版社

图书在版编目（ＣＩＰ）数据

浩瀚的宇宙／《中国儿童太空百科全书》编委会编
著． -- 北京 ：中国大百科全书出版社，2020.8
（中国儿童太空百科全书）
ISBN 978-7-5202-0772-0

Ⅰ．①浩… Ⅱ．④中… Ⅲ．①宇宙－儿童读物 Ⅳ.
①P159-49

中国版本图书馆CIP数据核字（2020）第097175号

中国儿童太空百科全书

浩瀚的宇宙

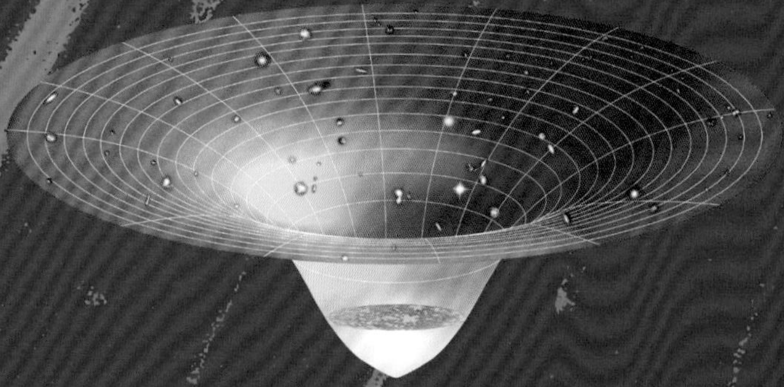

中国大百科全书出版社出版发行

（北京阜成门北大街 17 号 电话 68363547 邮政编码 100037）

http://www.ecph.com.cn

北京顶佳世纪印刷有限公司印制

新华书店经销

开本：635毫米×965毫米 1/8 印张：12

2020年8月第1版 2023年2月第2次印刷

ISBN 978-7-5202-0772-0

定价：75.00元

致小读者

每当夜幕笼罩着大地

星星就闯进了你我的视线

似乎近在眼前

却又远在天边

不知那捣药的玉兔是否依然在忙碌

不知那外星的生命是否徘徊在空间

那看似空空荡荡的天宇

充满了诱人的谜团

从余音袅袅的宇宙大爆炸

到不期而遇的小行星撞击地面

从远古的飞天幻想

到现代的登月梦圆

那看似风平浪静的苍穹

一直有神话故事在上演

浩渺太空

施展着神秘的自然法力

伟大人类

抒写着壮美的探索诗篇

今天翻开这部"天书"

踏进那触手可及的深邃世界

明天的你也许将飞往外星

与那里的居民进行一场友好谈判

欧阳自远

《浩瀚的宇宙》导读

何香涛
北京师范大学天文系教授

宇宙的诞生和膨胀经历了 137 亿年的漫长岁月，恒星、星系、星系群、暗物质和暗能量组成了 1000 亿光年尺度的浩瀚宇宙。穿越时空与你相遇，真是奇妙的感觉。像你这么大时，我常常仰望星空，幻想自己能够乘着宇宙飞船到太空遨游。当你也在为作业、考试烦恼时，不妨抬头看看天空，从宇宙中获得力量。你现在读的这本书分为"浩瀚的宇宙"和"奇妙的星空"两部分，包含了恒星、星云、黑洞、星系、星座等太空知识，带你初步认识宇宙空间和天文现象，陪伴你成长。打开这本奇妙的"天书"，跟我一起探索宇宙中蕴藏的未知与神秘吧！

● 知识主题

每个展开页的标题都是一个知识主题，围绕宇宙中的各种天体、天文发现和绚丽星座展开介绍，带你探索浩瀚的宇宙和奇妙的星空。

● 知识点

每个知识主题下都有 1 ~ 6 个知识点，详细讲解相关的天文现象、科学原理和星座故事等基础知识。在这里，你还可以认识暗能量、引力波、宇宙微波背景辐射等科学发现，看看科学家们为了揭开宇宙的真相正在进行怎样的研究。

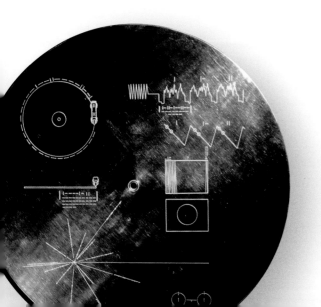

浩瀚的宇宙

THE VASTNESS OF THE UNIVERSE

宇宙的膨胀

从大爆炸那刻起，宇宙就开始了自身的膨胀。按照一般对于爆炸物的想象，人们认为这个膨胀应该是有限度的。在达到某个平衡状态，比如相对分布均匀的状态后，由于相互间引力的作用，这个膨胀是否会逐渐减慢，甚至会停下来呢？最新的观测发现不是这样。宇宙目前仍然处于膨胀之中，甚至还有加速膨胀的趋势。这个观点的特点在于，无论你身处宇宙当中的哪个点，比如地球，或离我们最近的比邻星，或其他的河外星系，你都能观测到宇宙中的其他星系在远离自己。

红移

红移指的是当光源远离观测者运动时，观测者观察到光源所发出的电磁波会发生波长增加、频率降低的现象，这在可见光的波段，体现在谱线朝向红光端移动。这类似于声波因多普勒效应而造成的频率变化：大街上汽车疾驰而来，它鸣笛发出的声音越来越尖锐；随着汽车驶远，声音逐渐低沉。天文学科学家们常用红移现象来测量天体的运动。

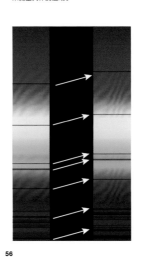

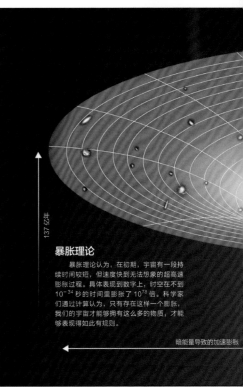

137 亿年

暴胀理论

暴胀理论认为，在初期，宇宙有一段持续时间较短，但速度快得无法想象的超高速膨胀过程。具体表现到数字上，时空在不到 10^{-34} 秒的时间里膨胀了 10^{78} 倍。科学家们通过计算认为，只有存在这样一个膨胀，我们的宇宙才能够拥有这么多的物质，才能够表现得如此有规则。

暗能量导致的加速膨胀

相关链接

在这个版块里，你可以看到这一页的内容与其他分册的联系，形成对太空世界的系统认知。

   对应着《浩瀚的宇宙》《太阳系掠影》《飞向太空》《中国航天》四个分册，按照数字页码可找到对应的知识主题。将四册书结合起来阅读，你就会发现古人对星空和宇宙的想象仍在影响着现代科学家，持续进行的太空探测活动也在不断推动着人类对自身和宇宙的认知。

哈勃定律

美国天文学家哈勃在 1929 年提出，河外星系的退行速度与距离成正比。也就是说，这个星系距离我们越远，其视向速度就会越大。这就是哈勃定律，又称哈勃效应。哈勃定律通常用来推算遥远星系的距离，是宇宙膨胀理论的基础，有很多科学家为此做出了重要贡献。事实上，为了纪念比利时科学家勒梅特在研究宇宙膨胀过程中所起的重要作用，国际天文学联合会于 2018 年 10 月通过投票，正式将"哈勃定律"更名为"哈勃－勒梅特定律"。

加速膨胀的宇宙

科学家们通过观测 Ia 型超新星红移发现，这些超新星与我们的距离比我们的预料相比遥远得多，这说明宇宙仍处在加速膨胀的过程中。2011 年的诺贝尔物理学奖就授予了发现这一现象的三名科学家。对于造成宇宙加速膨胀的原因，科学家们仍然不能完全确定，但大都认为这应该是暗能量起了主要作用。但是，暗能量的作用机理目前仍不太明确。

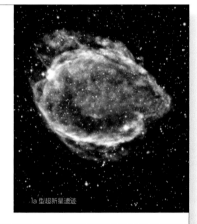

Ia 型超新星遗迹

奇思怪问

像你一样热爱天文、航天的孩子们提出了他们最感兴趣的问题，天文专家们在这里给出了答案，你可以看到他们如何用专业的知识破解"脑洞大开"的难题。跟随书中的内容大胆思考，也许你的下一个提问能帮助人类揭示宇宙的终极奥秘。

图片

每个展开页会有多幅图片。你可以看到来自权威机构的最新太空摄影图片，跟着探测器一起"近距离"地观察宇宙世界。书中还有专业绘制的示意图、结构图和图表，助你理解深奥的天文知识。

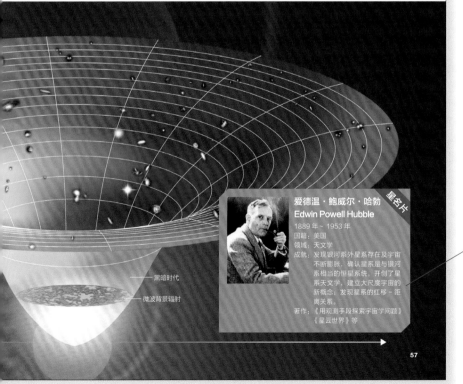

爱德温·鲍威尔·哈勃
Edwin Powell Hubble
1889 年 ~ 1953 年
国籍：美国
领域：天文学
成就：发现银河系外星系存在及宇宙不断膨胀，确认星系是与银河系相当的恒星系统，开创了星系天文学，建立大尺度宇宙的新概念；发现星系的红移－距离关系。
著作：《用观测手段探索宇宙学问题》《星云世界》等

星名片

从古至今的著名天文学家向你"递来"了他们的名片，向你介绍他们的关键成就和重要作品等信息。如果书中的内容满足不了你的好奇心，你可以通过名片上的信息进一步了解天文知识，说不定将来你也会成为天文学家中的一员呢。

CONTENTS
目录

浩瀚的宇宙
THE VASTNESS OF THE UNIVERSE

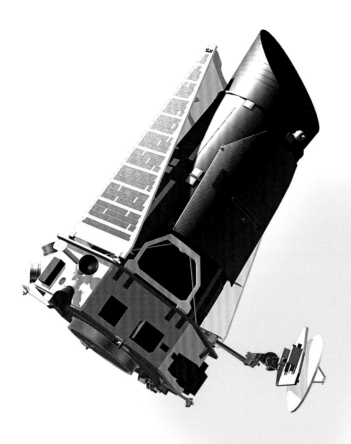

奇妙的星空

THE WONDER OF
STARS

浩瀚的宇宙

THE VASTNESS OF THE UNIVERSE

英国物理学家、天文学家霍金曾说："我们看到的从很远星系来的光是在几百万年之前发出的，在我们看到的最远的物体的情况下，光是在 80 亿年前发出的。这样当我们看宇宙时，我们是在看它的过去。"

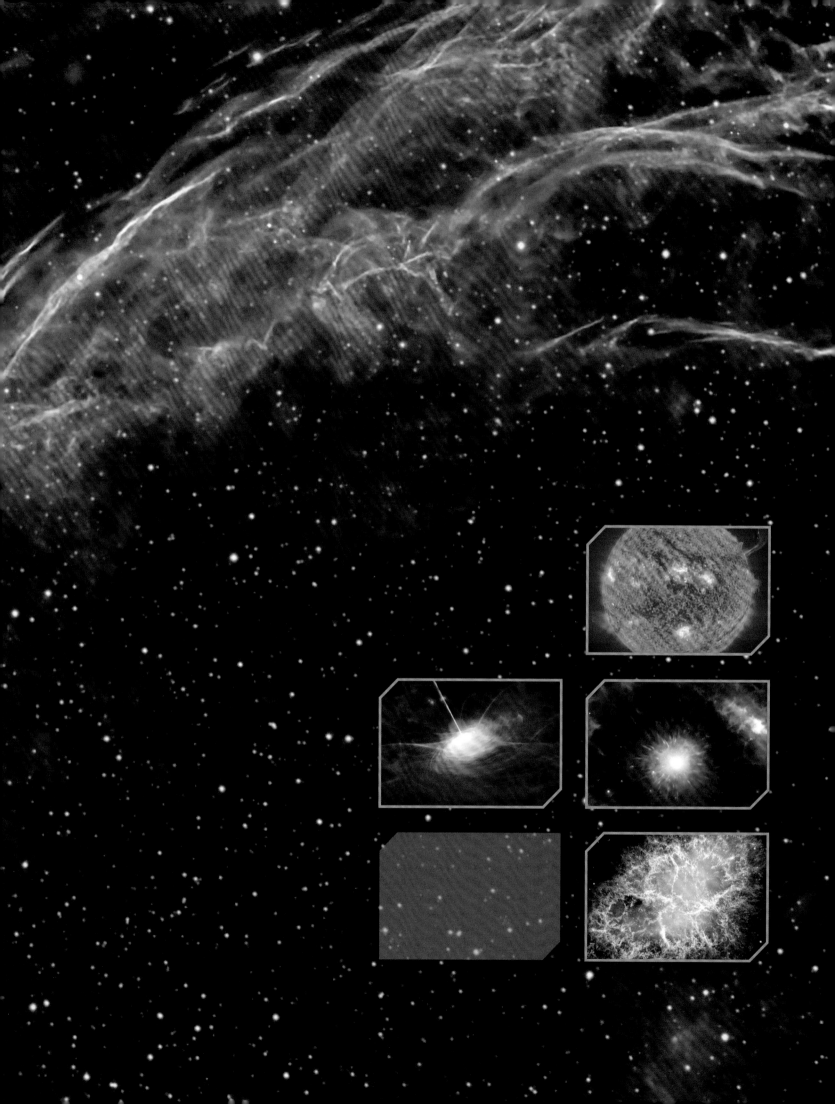

古人的宇宙观

　　仰望夜空，古人很早就开始了思考和想象：这个宇宙的构造究竟是什么样的？满天星辰的东升西落，其中是否有什么规律可循？经过长期观察与思考，人们提出了种种不同的见解。在古代中国，就有盖天说、浑天说和宣夜说等多种学说，而在世界其他国家，地心说、日心说的争辩延续了数百年。科学发展到今天，古人的这些观点看起来有很大的局限性；但古人的思考和大胆设想，以及他们面对神秘自然的探索精神，推动了早期科学的发展。

盖天说

　　盖天说是一个非常古老的学说，早在《周髀算经》里就提到"天象盖笠，地法覆槃"，形象地阐述了古人想象中的世界景象。盖天说的基本观点是：天是一个大圆盖，呈半球形，而大地则是一个正方形的大"棋盘"，在"棋盘"的四周，有八根柱子支撑着整个大圆盖，天地之间的距离正好是八万里；天和地的形状合在一起，就好像是一个凉亭。盖天说认为，北极位于大圆盖的中央，日月星辰都围绕着北极，在圆盖上按照各自的轨迹运转。

盖天说认为，日月星辰的出没，并非真的出没，而只是离得远我们就看不见它们，离得近就能看见它们发出的光。

浑天说

　　浑天说最早起源于战国时期，后人不断予以完善，东汉的张衡对浑天说的发展有较大的贡献。浑天说认为，天是一整个圆球即"天球"，地球在其中，就如鸡蛋黄在鸡蛋内部一样，日月星辰等都分布在这个"天球"上，各自运转。

浑天说的代表作《张衡浑仪注》中说："浑天如鸡子。天体圆如弹丸，地如鸡子中黄，孤居于天内，天大而地小。天表里有水，天之包地，犹壳之裹黄。天地各乘气而立，载水而浮。"

地心说

　　地心说又称天动说，最早起源于古希腊，由欧多克斯提出，经过亚里士多德完善，而后在托勒密的努力下，进一步形成一套完整的理论。地心说认为，宇宙是一个有限的球体，分为天和地两层。从"以人为本"的理念出发，他们认为地球当然就是宇宙的中心，而日月行星围绕地球运行，地球之外有 9 个等距离的"天层"，依次排列着月球天层、水星天层、金星天层、太阳天层、火星天层、木星天层、土星天层、恒星天层和原动力天层，此外空无一物。由于缺乏足够的观测数据，在公元 16 世纪日心说提出之前，地心说一直在西方世界占据着统治地位。

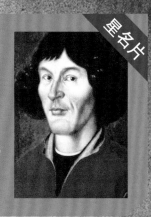

尼古拉·哥白尼
Nicolaus Copernicus

1473 年 ~ 1543 年
国籍：波兰
领域：数学、天文学
成就：创立日心地动说，推翻了西方千余年来的宇宙观，使天文学从宗教神学的束缚中解放出来。
著作：《天体运行论》

日心说

　　2000 多年前，古希腊天文学家阿里斯塔克斯认为，太阳才是宇宙的中心，地球围绕太阳运动。1543 年，波兰天文学家哥白尼发表了著名的《天体运行论》，提出了完整的日心说宇宙模型。哥白尼认为，地球是球形的，并且每 24 个小时自转一周；太阳是不动的，而且在宇宙的中心，地球和其他行星都一起围绕太阳做圆周运动，只有月亮环绕地球运动。现在看来，哥白尼的理论很接近真实情况，但在当时，脚下坚实的大地在不停地转动、运动这种说法，确实不太容易让人接受。而当时对于太阳、月亮和行星的观测数据，能够与地心说的体系相吻合，因此更多的人愿意选择相信地心说。再加上宗教势力的推波助澜，在很长一段时间内，日心说都没有受到太多的关注。直到后来伽利略发明了天文望远镜，并得到更多、更细致的观测数据，经过更严谨的论证和辩论，日心说才逐步被人们接受。

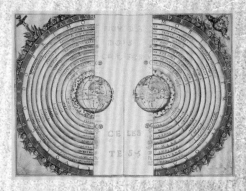

1568 年，葡萄牙制图师绘制的的托勒密地心说模型图。

哥白尼的学说保留了恒星天的概念，也就是说，他相信镶嵌着其他恒星的天球，就是宇宙的外壳。

宣夜说

　　与盖天说、浑天说类似，宣夜说也是中国古人提出的一种解释宇宙的学说，其历史渊源可上溯到中国古代的战国时期。《庄子》中提到："天之苍苍，其正色邪？其远而无所至极邪？"其意为"天看起来是蓝色的，这究竟是它本来的颜色呢，还是因为天离我们太远，而看不到尽头呢"，这可以说是对宇宙最早最朴素的思考之一了。而后至《晋书·天文志》和《隋书·天文志》中，郗萌进一步提出，宇宙是无限的，天上的日月星辰都飘浮在虚空之中，互相远离，受"气"的推动而运行，前后进退，有规律地运行。这个学说不认同天有某种固定形状，没有"天球"的说法。宣夜说进一步发展，认为日月星辰也由"气"组成，只不过是发光的气。从这一点看来，宣夜说倒是与现代恒星的构成和演化的理论有一些相似之处。

仰望星空

在天气良好的夜晚，我们来到郊外，仰望夜空，会发现满天的星星。很多人会觉得，这些闪着光的亮点，除了明暗、颜色和大小有些区别外，应该是差不多的东西吧。其实夜空中的点点繁星，有的可能是一颗行星，其本身并不能发光，只能反射太阳光；有的可能是恒星，虽然看起来只有暗暗的一点，可实际上比太阳还要大，还要亮；有的就更不得了，通过科学家研制的高性能望远镜，我们发现它其实有可能是一个双星系统或一个星云，还有可能是一个星系，也许比银河系还要大。这满天的星光中，蕴藏着无数奇妙的世界。

造父四又称仙王座 μ 星，是一颗位于仙王座的红超巨星，也是银河系中已知最巨大与最明亮的恒星之一。

恒星

早期人们在观察夜空的时候，发现很多星星在夜空中的相对位置是固定的，于是称它们为恒星。随着科技的进步，科学家们借助更先进的望远镜和计算机，发现恒星也在不停地运动，只不过距离我们太远，难以用肉眼分辨。恒星通过自身的热核反应，产生巨大的能量，并向外散发着光和热，就像茫茫宇宙中悬浮着的一盏盏明灯，指引着人类去探索、发现。

行星

远在古代人们就注意到，夜空中有些星星不断地穿行于众多星辰之间，这样的星被人们称为行星。后来，天文学家对于行星有了更严格的定义，这就是：行星是围绕恒星运转的天体，它本身应该有足够大的质量和接近球形的外形，需要独占一条运转的轨道。地球就是一颗行星，围绕恒星太阳旋转。

时间和空间

一般来说，时间用来描述物体的运动或事件发生的顺序；而空间用来描述物体的大小、形状、位置等一系列性质，也就是我们熟悉的三维空间。在经典力学中，时间和空间是两个各自独立的概念，物体所处的位置、本身的物理状态与时间没有直接的关系；而在爱因斯坦的相对论看来，三维空间加上时间一共四个量，组成四维时空，构成宇宙的基本结构。时间和空间整合在一起，物质与时空必须并存，没有物质存在，时间和空间的描述也就失去了意义。

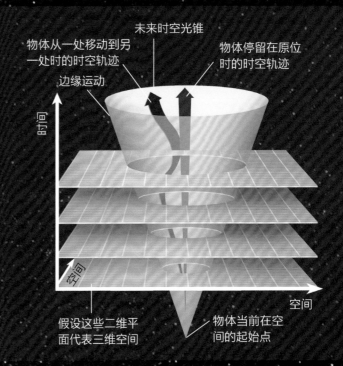

未来时空光锥

物体从一处移动到另一处时的时空轨迹

边缘运动

物体停留在原位时的时空轨迹

时间

空间

空间

假设这些二维平面代表三维空间

物体当前在空间的起始点

浩瀚的宇宙

科学家们估计，仅仅在银河系中，就有超过 1000 亿颗恒星。由此可见，在浩瀚的宇宙中，恒星数量是一个非常庞大的数字。我们生活在地球上，地球位于太阳系中，太阳系是银河系的一部分，银河系只是星系团中的一个星系，许多星系团共同组成宇宙。我们的地球如此微小，在浩瀚的宇宙中只是沧海一粟。

光年

光年是用来描述长度的单位，指的是光在真空中一年时间内传播的距离。真空中的光速约 3.0×10^8 米 / 秒。光年与米的关系可以换算，1 光年约为 9.46×10^{12} 千米。光年这个单位一般用于天文学中，用来度量很长的距离，如比邻星距离地球约 4.2 光年，天狼星距离地球约 8.6 光年；我们所处的银河系直径约 16 万光年。

恒星的一生

恒星是最常见的天体，仰望夜空，人类肉眼可见的星大多数都是恒星。恒星自己能够发光，因为它们是由等离子体组成的球体，其内部在不断地进行核聚变反应，在消耗自身的同时，也在向外不停地发光和发热。天文学家们通过观测恒星的光谱、光度和在空间中的运动状况，来确定恒星的质量、年龄、元素含量和其他的物理及化学性质。离我们最近的恒星是太阳。

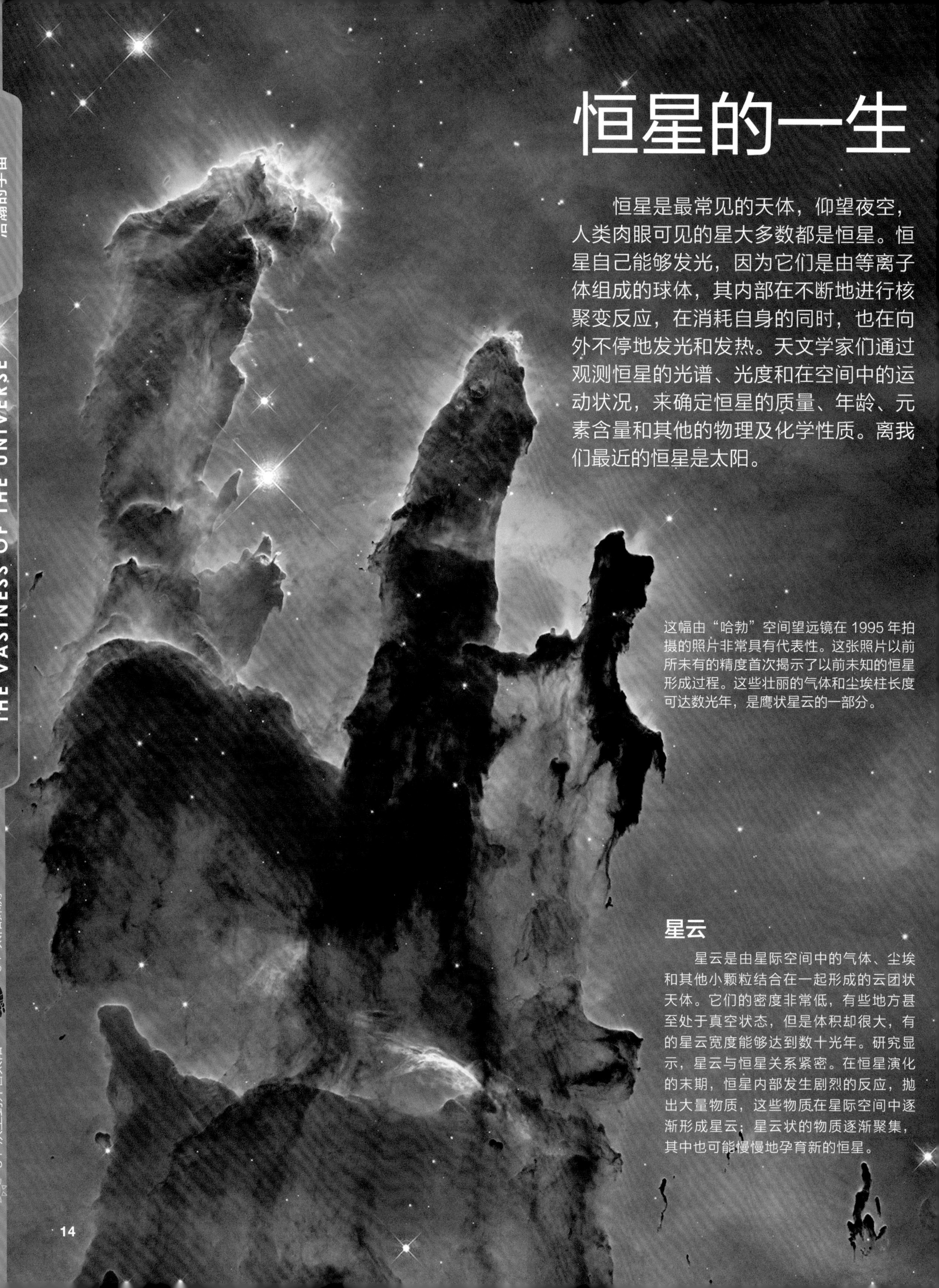

这幅由"哈勃"空间望远镜在 1995 年拍摄的照片非常具有代表性。这张照片以前所未有的精度首次揭示了以前未知的恒星形成过程。这些壮丽的气体和尘埃柱长度可达数光年，是鹰状星云的一部分。

星云

星云是由星际空间中的气体、尘埃和其他小颗粒结合在一起形成的云团状天体。它们的密度非常低，有些地方甚至处于真空状态，但是体积却很大，有的星云宽度能够达到数十光年。研究显示，星云与恒星关系紧密。在恒星演化的末期，恒星内部发生剧烈的反应，抛出大量物质，这些物质在星际空间中逐渐形成星云；星云状的物质逐渐聚集，其中也可能慢慢地孕育新的恒星。

14

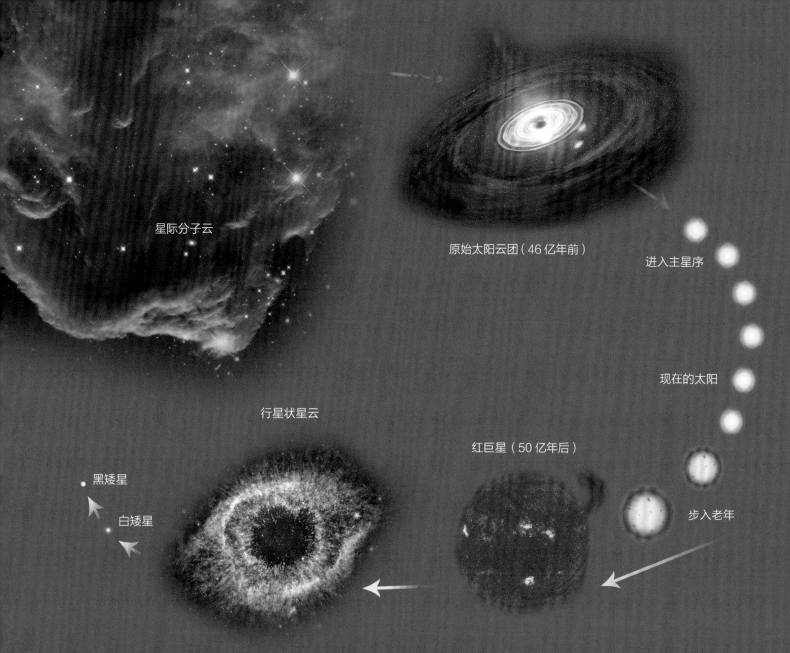

星际分子云

原始太阳云团（46 亿年前）

进入主星序

现在的太阳

行星状星云

步入老年

红巨星（50 亿年后）

黑矮星

白矮星

恒星的年龄

    从诞生之日起，恒星内部的热核反应一直都在进行，并消耗着自身的燃料。随着自身燃料的逐步耗尽，恒星的演化也会逐渐停止，进入自己生命的末年。研究发现，恒星的年龄与恒星的初始质量有很大的关系。一般来说，自身质量越大的恒星，自身燃烧的速度就越快，它的寿命也就越短。多数恒星的寿命在 10 亿年至 100 亿年之间。科学家认为，太阳的寿命约 100 亿年。

天狼星

天狼星

    如果不考虑白天的太阳，天空中最亮的恒星当数夜晚时出现的天狼星。天狼星位于大犬座，在冬夜往南方夜空寻找，很容易就能找到这颗亮星。天狼星的视星等达到 −1.47，但即便如此，与月球、金星、木星等行星相比，我们仍会觉得天狼星的亮度不如这些行星，有时候它甚至也不如水星和火星明亮。实际上，天狼星比太阳亮 25 倍。天狼星距离地球 8.6 光年，与明亮的太阳相比，它显得要暗淡许多。

 奇思怪问   除了太阳，哪颗恒星离我们最近？

    比邻星是距离太阳系最近的恒星，学名半人马座 α 星 C。它处于一个三合星系统中，三颗恒星相互绕转，其中距我们最近的一颗恒星就是比邻星。比邻星是一颗橙红色的恒星，质量约为太阳的 1/8，离我们只有 4.2 光年，相当于 40 万亿千米。这个数字看起来很大，但是在浩瀚无垠的宇宙中，这点距离就微不足道了。

正在形成恒星的尘埃柱

星云中心附近升起的尘埃柱就是
著名的"创生之柱",长约数光年。

鹰状星云

鹰状星云（NGC 6611）在《梅西耶星云星团表》
中排名 16，简称 M16，因其形状宛如一只展翅翱翔的
雄鹰而得名。鹰状星云位于巨蛇座，是一个疏散星团和
一个弥漫气体星云的复合体，也是银河系的一个恒星诞
生区，被称为"恒星育婴室"。这里还是一个电离氢区。
鹰状星云是一个年龄约 200 万年的年轻星团，其周围
环绕着由尘埃和发光气体组成的恒星云，距离太阳系约
7000 光年。目前人们对鹰状星云已有了比较深入的认
识，但还有许多奥秘没有揭开，天文学家将对这片星云
做进一步的探测和研究。

"哈勃"空间望远镜拍摄的鹰状星云尘埃柱

观测鹰状星云

　　夏季是观测巨蛇座的有利时机。朝银河方向看去，在武仙座和天蝎座之间的区域可找到巨蛇座。除了光学波段的观测之外，"哈勃"空间望远镜的近红外照相机、欧洲南方天文台的甚大望远镜、欧洲航天局的红外空间望远镜等，都对鹰状星云进行了观测和拍摄。科学家观测发现，鹰状星云中心附近升起的尘埃柱正在收缩，以形成恒星，来自新生恒星的高能量辐射逐渐侵蚀掉尘埃柱顶部附近的物质，最终暴露出隐藏其间的新恒星。

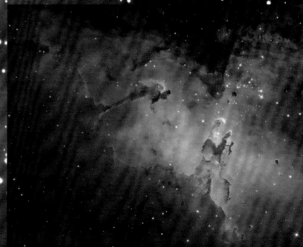

鹰状星云合成图

多星系统

　　夜空中，很多星星用肉眼看起来是单独存在的一个亮点，但通过高倍率望远镜观测，科学家们发现它们往往并不是一颗恒星，而有可能是两颗、三颗或更多颗恒星，这样的天体就是多星系统。多星系统的恒星可能相互绕转，彼此有引力作用；也可能相距甚远，只不过恰巧在我们的视线方向上重叠在一起。双子座的北河二是一个六星系统，六颗恒星通过彼此的引力作用约束在一起。如果有许多恒星聚集，在相互间引力的作用下，便会形成星团。

这是一幅艺术家创作的太空画，这颗行星表面满是贫瘠荒凉的山川和平原。从这里远眺三合星系统，远处的半空中悬挂着三个"太阳"，几颗大小不同的行星正围绕这三颗恒星运转。那颗颜色偏黄的天体应该是红巨星，附近那颗较小的白矮星正与其相互绕转，大量的物质从红巨星源源不断地流向白矮星。

双星系统

我们在地球上，如果用望远镜仔细观察夜空，经常可以看到一些恒星成双成对地靠在一起；而以肉眼看起来，经常会误以为那个地方只有一颗恒星。这种现象被称为双星。有的时候，两颗恒星只是在地球的视角看来，相互离得很近，其实它们离得非常远；而有的时候，两颗恒星距离并不远，相互间还存在绕转运动。双星的发现和人类的观测能力关系紧密，随着望远镜观测能力的不断提高，更多的双星系统被陆续发现。天狼星、角宿一、心宿二等著名的亮星都是双星。在银河系里，近半数以上的恒星是由双星组成的。

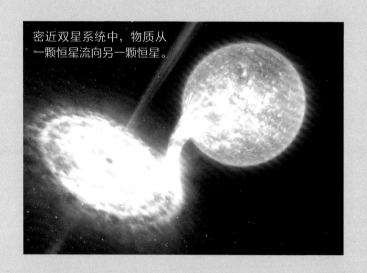

密近双星系统中，物质从一颗恒星流向另一颗恒星。

双星系统的分类

从距离上分类，两颗恒星只是看起来离得很近，但实际距离非常遥远，相互间没有影响，这两颗恒星称为几何双星；两颗恒星相互绕转，并且相互间有引力作用，这两颗恒星称为物理双星。从观测方式上分类，通过望远镜可以观测和分辨的双星，称为目视双星；只有通过分析光谱变化才能分辨的双星，称为分光双星。从相互关系上分类，有的双星相互间距离很近，而且有物质不断地从一颗恒星流向另一颗恒星，这样的双星被称为密近双星。科学家对双星进行分类，是为了对它们的形成、演化做深入的分析和研究。

奇思怪问 双星系统的两颗恒星会发生碰撞吗？

几何双星的"碰撞"没有意义，两颗恒星的实际距离很远，相互间没有发生作用，只是有时看起来像"撞"在一起而已。物理双星的两颗恒星相互绕转运行，存在多种情况：有的是一颗恒星大、一颗恒星小；有的是一颗恒星年轻、一颗恒星年老；有的是双星绕转的同时，相互间还有物质交换。因此，当双星演化到一定程度时，由于相互引力的作用，有可能发生碰撞。

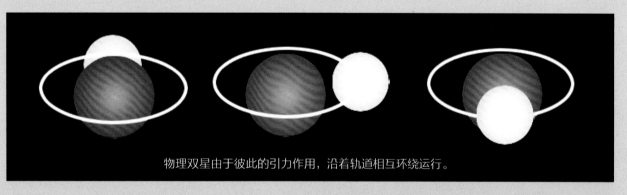

物理双星由于彼此的引力作用，沿着轨道相互环绕运行。

三星系统

与双星类似，宇宙中存在着数颗恒星聚合在一起的例子，如三颗恒星组成的三星系统、四颗恒星组成的四星系统等。英仙座的大陵五就是一个三星系统。它是第一颗被发现的非新星变星，其视星等很规律地在一个大约 2 天 21 小时的周期内变化，所以最早人们以为它是一个双星系统，后来通过更精确的观测，人们才发现还有第三颗星的存在。

艺术家笔下描绘的三星系统

星团

与双星系统不同，科学家们把更多的恒星聚集在一起的情况，称为星团。通常星团包括的恒星有十几颗，有些大的星团有十几万颗恒星或更多，星团的大小和尺度千差万别。星团内的恒星相互间存在引力束缚，形成一个整体。不同的星团内的恒星结构各异，形状也不规则。星团一般包括球状星团和疏散星团两种类型。

球状星团

球状星团看起来为球形，内部恒星的数量有数万颗以上，有时甚至能达到数百万颗，整个星团的直径达十几光年至一百多光年。在球状星团的中央，恒星看起来非常密集，也不容易分辨。球状星团中主要成员都是进入暮年的恒星，大多呈黄色或红色，年龄达到 100 亿年以上。武仙座的 M13 和 M92 就是两个著名的球状星团。银河系中有 200 多个球状星团。

M13（NGC 6205）是武仙座的球状星团，直径约 150 光年，距离太阳系 2.22 万光年。

疏散星团

疏散星团的形状看起来不规则，呈现出多样性。其内部成员的数量从几十颗至几千颗，相互间分布较为松散，我们从望远镜中观看时容易将其分开。疏散星团的直径一般只有几十光年，在银河系中，大多数被发现的疏散星团，都集中在银道面的两旁。更远的疏散星团身处密集的银河背景中，因此更难以被发现和辨别。比较著名的疏散星团是位于金牛座的昴星团 M45，通常肉眼可见有六七颗星，又被称为七姐妹星。

M92 是武仙座的球状星团，是一个美观而明亮的星云。

星团的命名

我们一般以"星表的简写 + 数字编号"的方法给星团命名。18 世纪时，法国天文学家梅西耶用小口径望远镜对深空进行观测，最终形成《梅西耶星云星团表》。星表中包括 110 个深空天体，其中有星云、星团和星系。梅西耶天体以"M+数字编号"的形式命名，如 M13、M45，都是《梅西耶星云星团表》中的星团。除此之外，随着望远镜观测能力的提升，19 世纪的丹麦天文学家德雷尔通过观测，编写了一部《星团星云总表》，即"NGC 星表"，这个星表囊括了大多数的深空天体，在随后其他科学家的不断丰富下，最终形成一个总数达 7840 个天体的星表。《星团星云总表》以"NGC+ 数字编号"的形式代表相对应的天体。

金牛座的昴星团 M45 是一个年轻的疏散星团，星团内的恒星超过 3000 颗。

M68（NGC 4590）是位于长蛇座的球状星团，直径 106 光年，距离地球 33000 光年。

查理斯·梅西耶
Charles Messier

1730 年 ~ 1817 年

国籍：法国

领域：天文学

成就：观测并确定了一个由星云、星团组成的天体目录，以帮助其他观测者更容易地找到并区分深空天体。

著作：编著《梅西耶星云星团表》

恒星的诞生

　　恒星的演化过程充满了分分合合。随着自身内部的剧烈热核反应或与其他天体的碰撞，恒星在不断向外抛射各种气体、尘埃和其他星际物质，形成漂亮壮观的星云。这些星云又给新生恒星的诞生和演化创造了条件。目前的观测和科学研究发现，新的恒星都是在星云中诞生的。星云内部的大部分地方的密度都很低，接近真空；有些地方的物质却非常密集。当然，星云的体积也异常庞大。星云内部的主要物质是氢和氦。从形态上划分，星云一般有弥漫星云、行星状星云、超新星遗迹等。

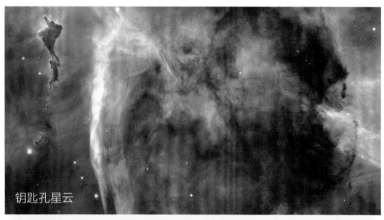

钥匙孔星云

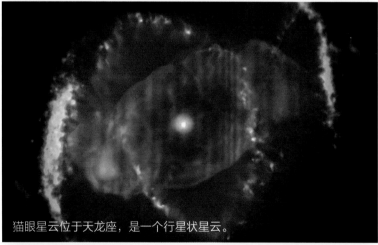

猫眼星云位于天龙座，是一个行星状星云。

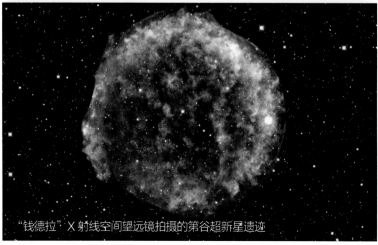

"钱德拉" X 射线空间望远镜拍摄的第谷超新星遗迹

早期的恒星

　　在星云内部某个不稳定部位，由于引力的作用，自身开始逐渐坍缩，于是其质量和密度开始持续增大，并使得温度也逐渐上升。收缩气体云的一部分在到达新的临界值之后，又会造成新的局部坍塌，如此往复，大块的气体云逐渐收缩为原始的恒星。这个坍塌和演化的过程可能需要持续一千多万年，甚至更长时间。

行星状星云

　　行星状星云是小质量恒星向白矮星演化的过程中，向外喷发出大量的物质而形成的。1777 年，英国天文学家赫歇尔发现这类天体后，称其为行星状星云。行星状星云呈椭圆形，与行星有些相像，但实际上与行星没有关系。用大望远镜观察可发现，行星状星云有纤维、斑点、气流和小弧等复杂的结构。著名的行星状星云有天琴座环状星云等，仙女座星系中已发现 300 多个行星状星云，大麦哲伦星系中发现 400 多个行星状星云，小麦哲伦星系中发现 200 多个行星状星云。科学家们认为，太阳在寿命终结的时候，也将会形成行星状星云。

超新星遗迹

　　更大质量的恒星，在它演化的末期会产生剧烈的爆发，其生命的末期会来一次更为猛烈的爆发。这种剧烈的爆发非常明亮，但是时间不会持续很长，这就是超新星爆发。剧烈的爆发向四周喷发出恒星自身的大部分物质，中心可能剩下一个高速旋转的中子星，遗留下来的就是超新星遗迹。

星云 NGC 604 位于三角座星系，在 1784 年首先被天文学家赫歇尔发现。这个星云距离地球约 300 万光年，比猎户座大星云 M42 要明亮 6000 多倍。

弥漫星云

　　一般来说，弥漫星云的外形看起来都很不规则，也没有明显的边界，就像天空中飘浮的白云一样。多数星云都是弥漫星云，它们的直径很大，有可能达到几十光年；星云本身丝丝缕缕的结构密度非常低，甚至近乎真空状态。根据弥漫星云自身发光的特点，可将其大致分为发射星云、反射星云和暗星云等。

发射星云

　　发射星云内部存在着正在形成的年轻恒星，星云自身发出紫外线辐射，使得星云中的气体发生电离，从而向外发射出可见光。位于天琴座的环状星云M57（NGC 7620）是一个发射星云，距离地球约2300光年，其中央的一颗红巨星将一层气体尘埃驱散到周围的空间中，形成壮观的景象。玫瑰星云NGC 2237是一个距离地球约5000光年的大型发射星云，星云中心还有一个疏散星团NGC 2244。著名的发射星云还有位于天鹅座的北美星云NGC 7000、网状星云NGC 6960和南半球人马座的礁湖星云M8（NGC 6523）等。

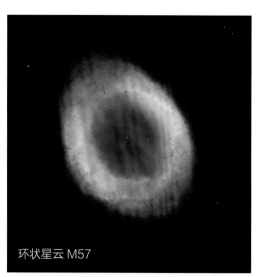

环状星云 M57

玫瑰星云 NGC 2237

反射星云

　　反射星云是星际尘埃中的云。反射星云本身不发光，人们之所以能够观测到反射星云，是因为它反射了附近恒星的光。这些来自附近恒星的能量不足以电离反射星云内的气体，只能产生足够的散射，使这些尘埃云气体能够被观测到。冬夜星空中的猎户座大星云M42就是反射星云。猎户座大星云M42直径约16光年，视星等4等，距离地球1500光年，其所在的位置是恒星诞生的"温床"。

暗星云

　　暗星云是一种特别的星际云，星云本身的密度非常大，能够遮蔽来自后方物体的光线，因而在明亮的恒星或星云背景上，形成巨大的黑暗剪影。暗星云所遮蔽的仍然是可见光，其背后的场景，我们可以通过射电望远镜或红外望远镜进行观测。著名的暗星云有马头星云IC 434、锥状星云NGC 2264等。

马头星云 IC 434

猎户座大星云 M42 是全天最亮、最有魅力的星云，用一架小型天文望远镜，我们就能看出其飞鸟展翅般的形状，用照相的方法能将这个星云拍出鲜艳的红色。

恒星的演化

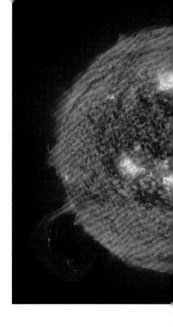

　　星云中诞生的恒星，主要成分是氢和少量的氦。恒星正常的演化，主要是在恒星内部高温和高压的状态下，氢进行核聚变反应产生氦，进而向前不断聚变，产生更重的元素，并不断向外散发光和热。在这个过程中，恒星不断地消耗着自身的质量。然而，由于形成阶段自身初始质量的不同，不同的恒星有着不同的演化方向，它们的亮度和对周围空间的影响也不一样，最终它们的归宿也不一样。

主序星

　　主序星是位于赫罗图主序带上的恒星。处在主序带上的恒星，是按照质量大小排列的。在赫罗图左上方，高温、高亮度的是质量比较大的恒星；而在右下方，低温、低亮度的则是小质量的恒星。恒星在主序带上所停留的时间，取决于其自身的燃料量和燃料消耗的速度。大质量的恒星燃料消耗的速度快，虽然质量更大，但是其生命周期反而更短。

恒星内部的核聚变反应

　　几个较轻的原子核聚变为一个较重的原子核，然而反应后的原子核质量比反应前减少了，损失的质量通过能量的形式释放出来。太阳、天狼星等恒星即正在经历这种猛烈的能量释放过程。在一定的条件下，较轻的元素聚合成较重的元素，同时释放出能量，这就是聚变反应。在恒星内部，氢的两种同位素氘和氚，在高温、高压的环境下，聚合成氦 −4 原子核，同时释放出大量的能量。这使得恒星在它的一生中，有充足的燃料向外释放出足够的光和热，照亮周围的空间。

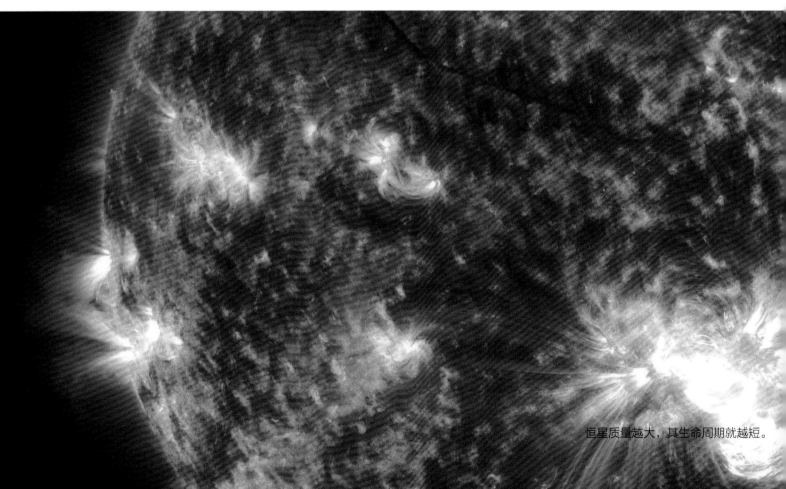

恒星质量越大，其生命周期就越短。

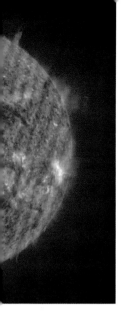

我们知道，物质由分子构成，分子由原子构成，原子中的原子核由质子和中子构成，原子核外包覆与质子数量相等的电子。同一元素的质子、电子数量相同，例如氢及氢同位素都有一个质子和一个电子。不同的是，氢同位素氘有一个中子，氢同位素氚有两个中子。

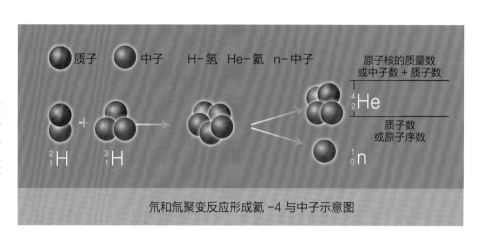

氘和氚聚变反应形成氦-4与中子示意图

受控核聚变

四个较轻的氢原子核在恒星中通过质子－质子等核聚变反应，逐步形成为一个较重的氦-4原子核，同时释放出大量的能量，这就是目前在太阳内部每时都发生的核聚变过程。这个过程需要高温和高压的环境，一旦反应开始，能量的释放极其迅猛、剧烈，就像氢弹爆炸一样。科学家们希望找到一种方法，能够有效控制这个核聚变过程，让能量的释放变得缓慢、稳定，从而更容易被人类利用。中国在受控核聚变实验装置的研究领域内处于世界领先地位，但距离正式通过受控核聚变过程来发电，还有很长的路要走。

受控核聚变发电的前奏——"人造小太阳"

50多年来，科学家梦想向太阳学习，研制"人造小太阳"。受控核聚变发电将是人类社会未来的主体能源。20世纪90年代初，中国实施大中型磁约束"氘＋氚"受控核聚变的发展计划。2018年11月12日，中国科学院等离子体物理研究所发布消息称，EAST核聚变装置首次实现加热功率超过10兆瓦，等离子体储能增加到300千焦，等离子体温度达1亿度以上，放电脉冲也延长到100秒以上，这标志着中国在稳态磁约束聚变研究方面继续处于国际前列。

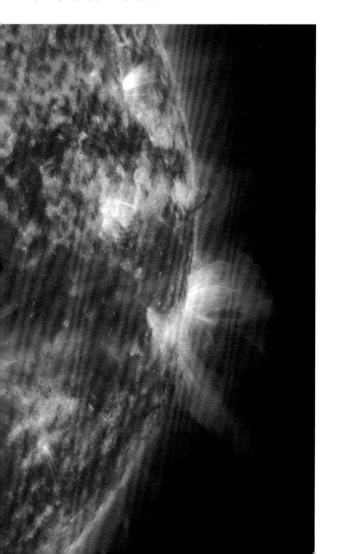

中国科学院等离子体所（合肥）研制的"人造小太阳"

赫罗图

1911 年和 1913 年，丹麦天文学家赫茨普龙和美国天文学家罗素各自在研究过程中独立提出一个恒星演化的图表。后来的研究发现，这幅图表是研究恒星演化的重要工具，因此将这幅图表以当时两位天文学家的名字命名，称为赫罗图（Hertzsprung-Russell diagram）。在对恒星研究的过程中，恒星的光谱类型（不同的表面颜色）和光度（或绝对星等）是两个非常重要的研究参数。如果把这两个参数分别作为坐标系的两个轴，横轴为恒星的光谱类型或表面温度，纵轴为恒星的光度或绝对星等，把观测到的恒星在坐标系中标记出来，这些恒星就在坐标系中呈现出一定的分布趋势。因此，赫罗图用于形象地描述不同恒星在光度和表面温度间的分布情况，通过研究恒星在坐标系上的分布，就可以研究恒星演化过程。

天狼星 B

恒星光谱类型

恒星对外发出的光谱是不同的，这既有颜色的不一样，吸收谱线也大不相同。不同恒星的谱线强度取决于光球的温度，而其谱线上的暗线，还能反映出恒星内含元素的种类和丰度。绝大多数恒星的光谱可以分为 O、B、A、F、G、K、M 等类型。光谱类型从 O 到 M 的变化，反映了恒星的表面温度由高向低变化，同时恒星的颜色由白色、蓝色向黄色、红色变化。

参宿四

恒星光度

在天文学上，光度是指恒星、星系或其他天体在单位时间内向外发射的总能量。光度与亮度的概念不同，亮度通常用来指物体的表面亮度，也就是这个天体在观察者眼中的亮度，其数值的大小取决于天体的光度、与观察者之间的距离，还有从天体到观察者之间是否存在光的吸收和遮挡等因素。光度是恒星每秒钟辐射出的总能量，以"尔格／秒"为单位。天文学家把光度大的恒星称为巨星，光度比巨星更强的称为超巨星，光度小的称为矮星。

主序带

在赫罗图上，从左上角到右下角的带状区域就是主序带，主序带上的恒星就是主序星。恒星的大部分生命时间都在主序带上度过。在这个阶段，恒星内部的氢元素聚变生成氦，向外辐射出大量的光和热，此时恒星内部向外的辐射，与从外向内的坍缩形成一个平衡，整个恒星处于生命中最稳定的状态。一般来说，一颗恒星的质量越大，它在主序带上停留的时间就越短；当其内部的氢燃料消耗殆尽后，恒星就会从主序带上脱离出来，朝着不同的方向进行后续的演化。太阳目前就处在主序带上，并且还要在这里"生活"近 50 亿年。

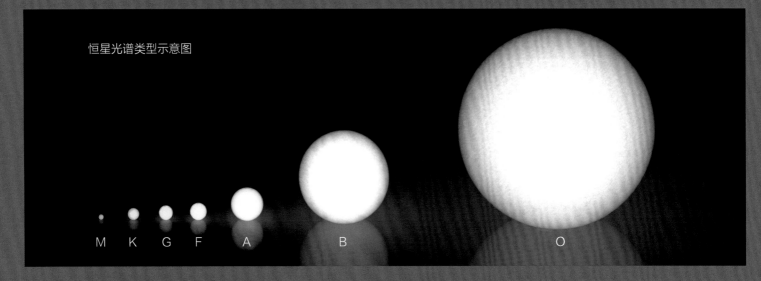

恒星光谱类型示意图

M　K　G　F　A　B　O

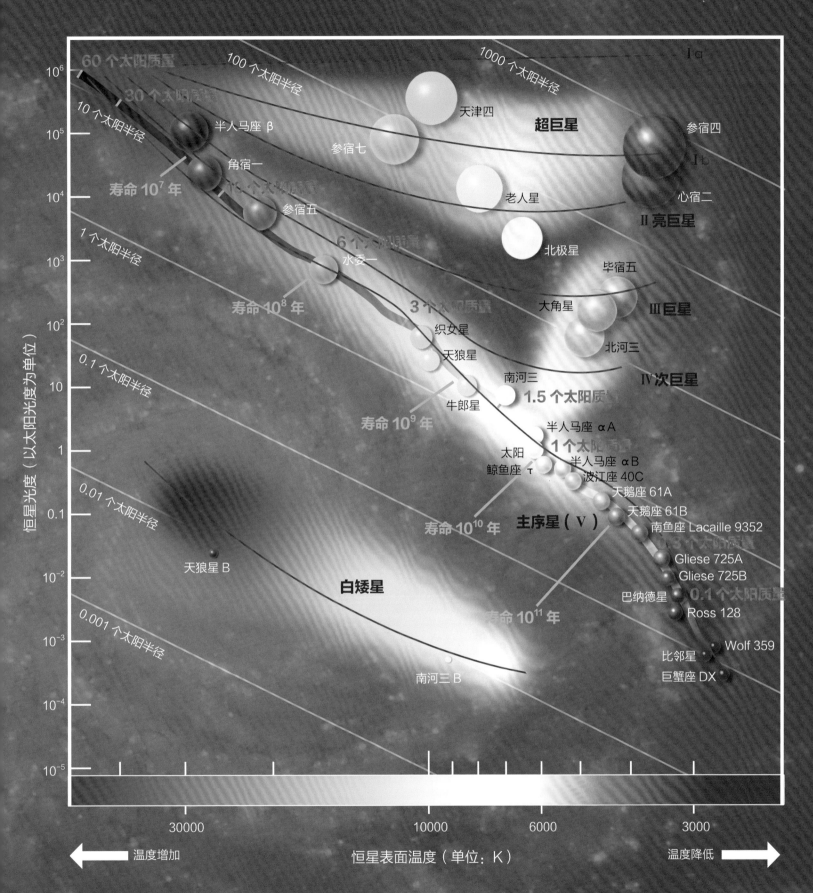

根据观测数据，大约 90% 的恒星位于赫罗图左上角至右下角的一条带上，这条带称为主序带。不同类型的恒星都在赫罗图上对应着其演化方向。

恒星的归宿

在日复一日的燃烧中，恒星内部的氢元素逐渐消耗殆尽，燃料耗尽意味着恒星走向了演化的末期。科学家们认为，小质量的恒星将演化成为白矮星，最终慢慢冷却为黑矮星；而稍大质量的恒星在经历一次猛烈的超新星爆发之后，将变成一颗中子星，然后也会慢慢冷却、暗淡下来；更大质量的恒星则最终演化成一个黑洞，连光线都无法从中逃脱。

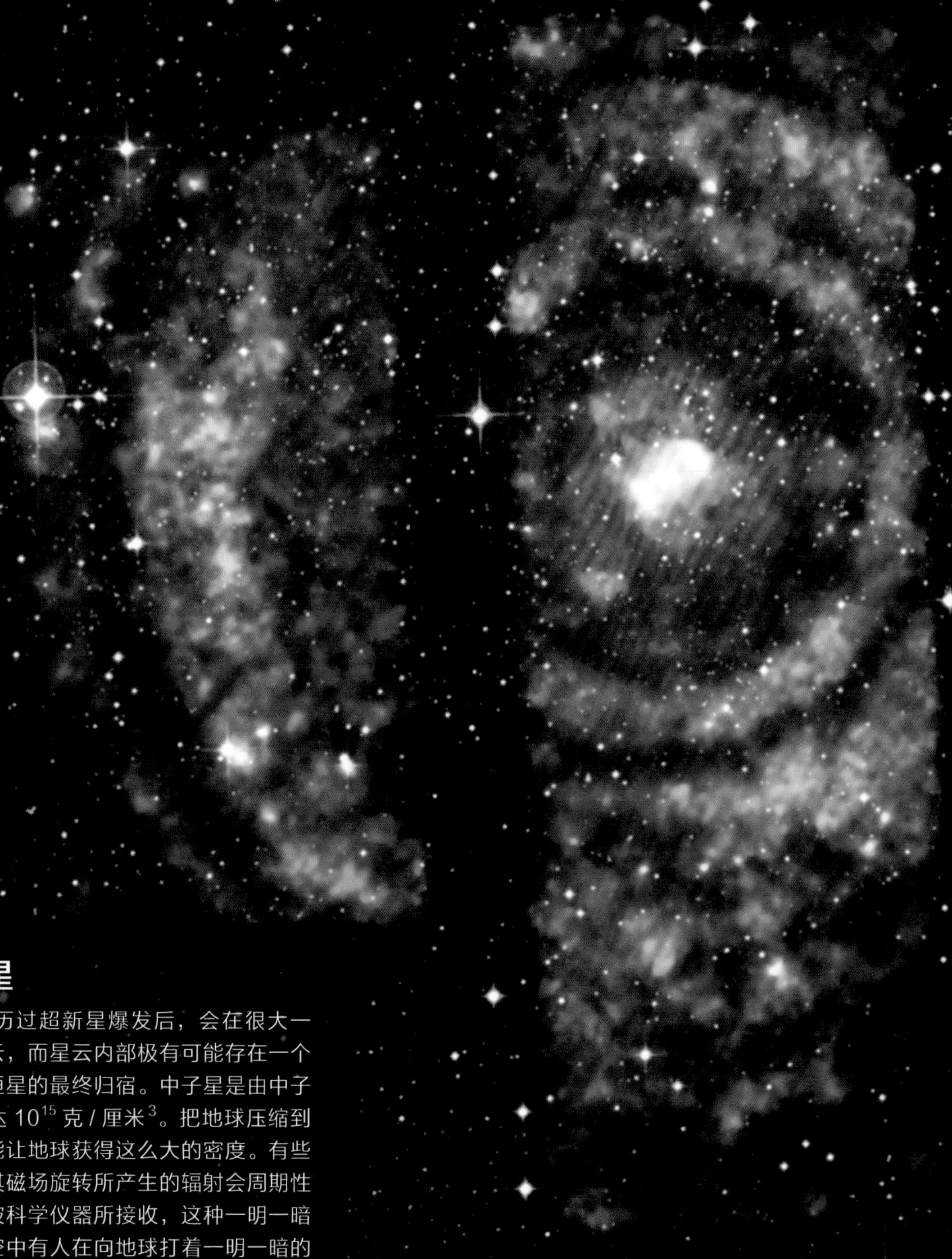

中子星与脉冲星

大质量恒星在经历过超新星爆发后，会在很大一个范围内形成一片星云，而星云内部极有可能存在一个中子星，这将是这颗恒星的最终归宿。中子星是由中子组成的，其密度可高达 10^{15} 克 / 厘米 ^{3}。把地球压缩到一个排球那么大，才能让地球获得这么大的密度。有些高速旋转的中子星，其磁场旋转所产生的辐射会周期性地传播到地球，从而被科学仪器所接收，这种一明一暗的辐射闪烁，犹如夜空中有人在向地球打着一明一暗的信号灯，因此这种中子星又被称为脉冲星。

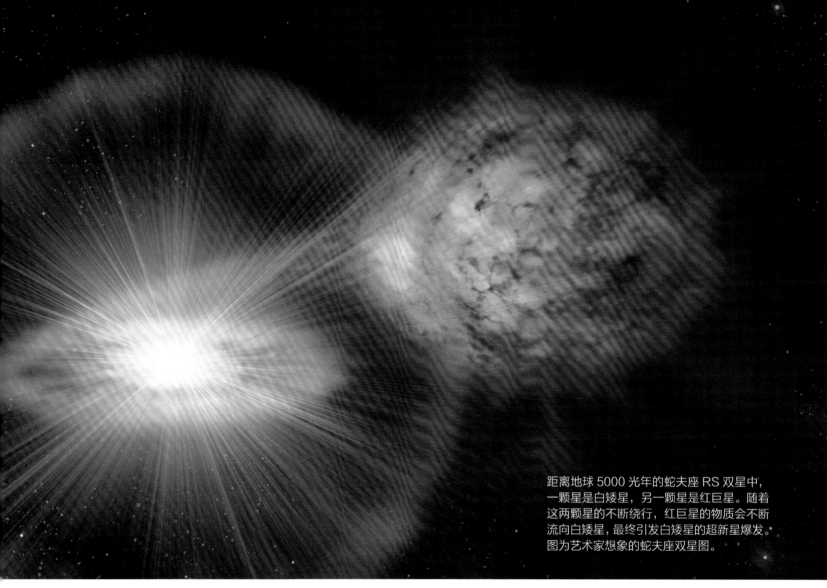

距离地球 5000 光年的蛇夫座 RS 双星中，一颗星是白矮星，另一颗星是红巨星。随着这两颗星的不断绕行，红巨星的物质会不断流向白矮星，最终引发白矮星的超新星爆发。图为艺术家想象的蛇夫座双星图。

红巨星

　　大多数恒星在生命的后期，将首先演化成为一颗红巨星。红巨星阶段是大多数恒星演化末期的一个较为不稳定的阶段，只有几百万年的时间。这与恒星自身几十亿年甚至上百亿年的生命周期相比，是非常短暂的。红巨星的表面温度相对主序星阶段而言并不高，但因为它体积较大，所以还是非常亮。

白矮星

　　中小质量的恒星在演化的末期，经历了红巨星的阶段后，将变成白矮星。白矮星内部不再进行核聚变反应。虽然在初期，白矮星的表面温度很高，呈现为白色，但它会逐渐冷却，并最终变成黑矮星。白矮星的密度很大，能达到 10^4 克 / 厘米 ^{3}，这比地球 5.5 克 / 厘米 ^{3} 的密度大了许多。天狼星的伴星天狼星 B 是人类发现的第一颗白矮星。

金牛座的毕宿五是一颗红巨星

与地球体积相同的白矮星，质量是地球的 1800 多倍。

超新星爆发

　　大质量恒星在演化的后期，经历过红超巨星的阶段后，自身巨大质量带来的不稳定性，会让它在一场巨大的爆炸中毁灭，进而释放出强烈的光和各种辐射，这被称为超新星爆发。一般超新星爆发只能持续几周时间，但会瞬间释放出巨大的能量，使夜空中看起来就像是暂时多了一颗明亮的恒星。超新星爆发后，一种可能是没有遗留物，整个恒星都炸裂飞向宇宙空间，向外喷发出的气体和尘埃等物质四散，许多漂亮的星云就是这样形成的；另一种可能是只有恒星的外壳炸裂后飞向空间，但是恒星自身致密的内核被遗留下来，成为一颗中子星或黑洞。

蟹状星云

蟹状星云位于金牛座，距离地球约6500光年，它的亮度比较暗，我们用肉眼难以直接看到。1892年，天文学家拍下了蟹状星云的第一张照片。几十年后，天文学家们在对比蟹状星云以前的照片时，发现它在不断地扩张。经过对扩张速度的计算，科学家推断，在900多年前，由于一颗恒星的爆发，形成了今天的蟹状星云。当时应该有一次猛烈的超新星爆发活动，其遗迹逐渐形成今天的景象。这与中国宋代的文献记录是吻合的。

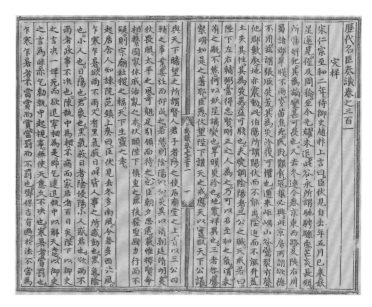

1054年，中国宋代的天文学家记录下在天关星附近出现了一颗惊人的亮星，最亮时白天可见。

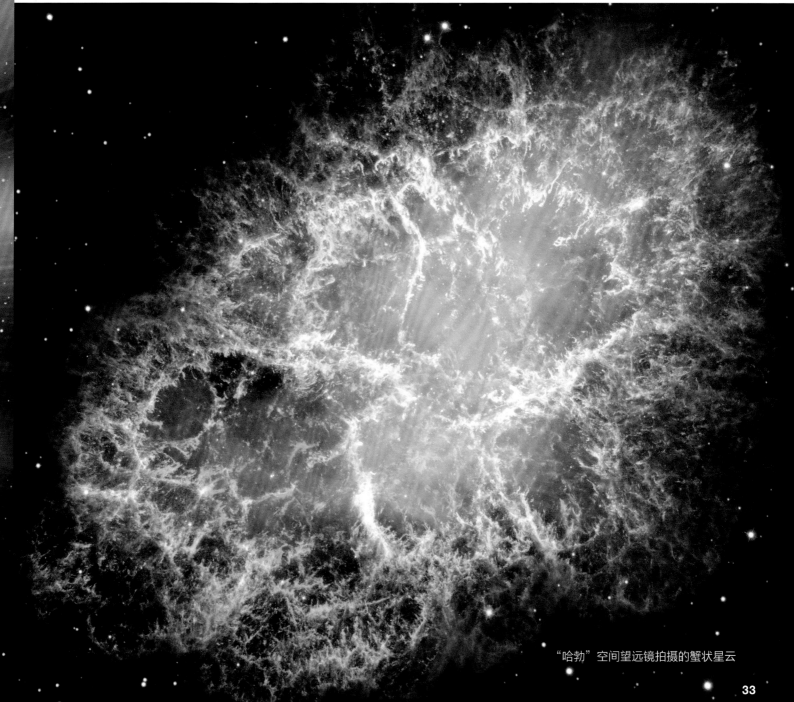

"哈勃"空间望远镜拍摄的蟹状星云

神秘的黑洞

　　黑洞并非一个"洞"，而是根据牛顿力学所预言，在空间中存在的一种天体。濒临演化末期的恒星，如果质量足够大，当星体发生了超新星爆发，剩余的星体排斥的力量无法抵挡相互挤压的力量时，就会把中子星挤压成更为高密度的一种状态，最终形成黑洞。黑洞是恒星演化的最后形态之一。黑洞有非常强的引力，任何靠近的物体都会被吸入其中，就连光线都无法逃脱。

我们无法直接观测到黑洞，只能以间接的方式探知其存在，初步判断黑洞的质量，并观测它对周围事物的影响。

大麦哲伦云面前的黑洞（中心）的模拟视图

黑洞无毛定理

　　科学家们经过严格的计算，证明无论什么样的黑洞，其质量、角动量、电荷三个物理量都是唯一确定的。也就是说，当一个黑洞形成后，其他的一切信息都丧失了，没有其他任何复杂的性质，对之前物质的多数信息没有继承。相比之下，能从地球上找到的很多陨石里，都仍然保留着太阳星云和太阳系起源与演化过程的物质组成、物理化学环境等信息。黑洞真算得上是化繁为简了。

名片

斯蒂芬·威廉·霍金
Stephen William Hawking
1942 年 ~ 2018 年
国籍：英国
领域：天体物理学、理论物理学、数学
成就：发现霍金辐射，提出无边界条件猜想
著作：《时间简史：大爆炸到黑洞》《果壳中的宇宙》《大设计》等
荣誉：获得 1978 年爱因斯坦奖章

黑洞能让我们到另外一个空间吗?

目前我们只了解到,黑洞的中心是一个奇点,包括光线在内的任何物质,在黑洞引力场的作用下,进入黑洞都不能出来。有一种假设认为,黑洞附近的超强引力场能够建立起连通另外一片空间的时空旋涡,经过附近或误入其中,将有可能在短时间内到达距离非常远的空间,甚至是更高维度的时空。在一些科幻影视作品中,也有更为直观的类似演绎。到目前为止,这还只是一种科学推论,没有得到直接的观测证据,也没有人有过类似的经历。

时间变慢

按照广义相对论,黑洞附近会有一个很有意思的现象,就是时间变慢。由于黑洞强大的引力,如果航天员有机会从太空船母舰乘子舰飞到黑洞附近,然后再迅速飞出,对于这个航天员来说,只过去了几个小时而已;而对于留在太空船母舰上的航天员同事而言,却是过去了几十年。离黑洞越近,在外面的人看来,时间就会变得越慢。

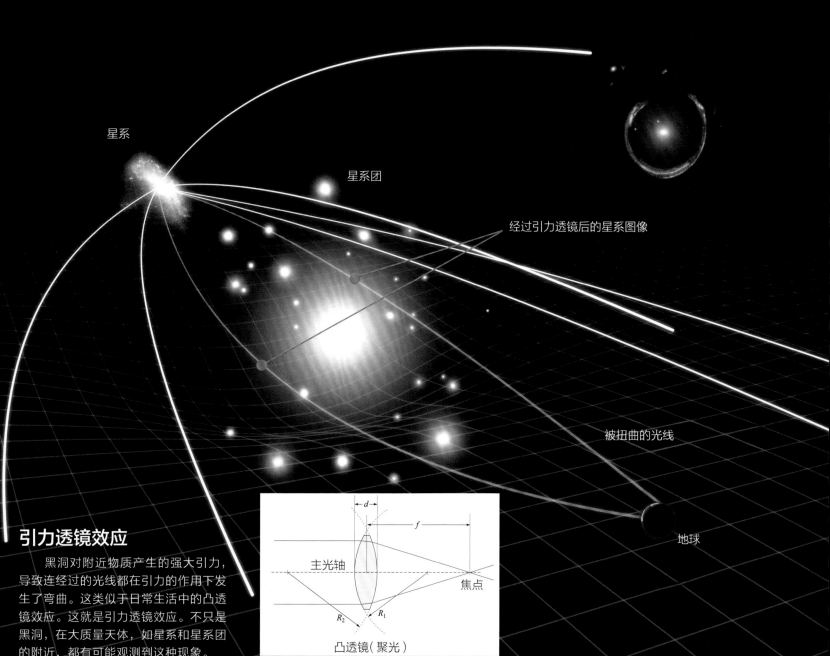

星系

星系团

经过引力透镜后的星系图像

被扭曲的光线

地球

引力透镜效应

黑洞对附近物质产生的强大引力,导致连经过的光线都在引力的作用下发生了弯曲。这类似于日常生活中的凸透镜效应。这就是引力透镜效应。不只是黑洞,在大质量天体,如星系和星系团的附近,都有可能观测到这种现象。

主光轴

焦点

凸透镜(聚光)

超大质量黑洞

天文学家研究发现，每个星系中央都可能潜伏着一个超大质量黑洞，这个黑洞的质量可能是太阳质量的 100 万倍至 100 亿倍。有关超大质量黑洞的起源和形成，是一个比较前沿的开放研究领域。有的科学家认为，星系中央的超大质量黑洞可以影响整个星系内的所有天体。

"赫歇尔"空间望远镜的观测结果显示，星系中的超大质量黑洞越活跃，新恒星的诞生就越少。

超大质量黑洞的形成

多数天文学家认为，如果黑洞位于星系的中心部位，它就可以通过不断吸积来自其他天体的物质，慢慢生长。对于超大质量黑洞最初是怎样的状态，即黑洞"种子"的形成，有几个不同的理论。一种假设是，这些"种子"来自一些质量是数十个或数百个太阳质量的黑洞，它们是大质量恒星死亡爆炸的遗留物，并通过不断累积物质成长，如果周围有足够多的其他物质，它们就有可能吸积成中等质量黑洞并长大。还有一种假设是，原始黑洞"种子"是宇宙大爆炸初期由外部压力直接形成的，这种原始黑洞比其他情况有更多的时间来积累，从而达到超大质量。现有理论认为，超大质量黑洞的增长上限大约是 500 亿个太阳的质量，否则将会导致黑洞的不稳定。

"哈勃"空间望远镜观测到 NGC 1068 星系中央的超大质量黑洞，这个黑洞被极厚的气体和尘埃包围。

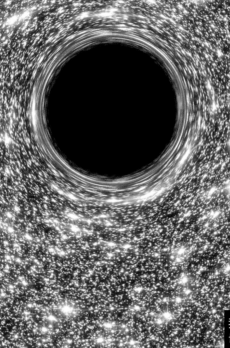

矮星系 M60-UCD1 是目前已知的密度最大的星系之一，在它的中心有一个超大质量黑洞，黑洞强烈的引力场扭曲了附近的光线。

我们可以想象，在漫长的岁月之后，宇宙中的一切似乎都暗寂下来，一个个超级黑洞统治着宇宙的时候，没有什么东西能从它们的吸附中逃离。

人马座 A 位于银河系的中心，距离地球 2.7 万光年。

银河系中的超大质量黑洞

　　天文学家推算，银河系中应该有约 100 万个黑洞。银河系中央的超大质量黑洞位于人马座 A 方向。据科学家统计，银河系的中央隆起中包括了约一百亿颗恒星，跨度达数千光年左右，其周围存在一些尘埃团和气体结构，使得我们对银河系中央隆起的观测受到一定影响。人马座 A 包含三部分，其中一部分是超新星遗迹，另外一部分是螺旋状的星云结构，还有一部分是复杂而强烈的射电源。观测显示，这个射电源约每 11 分钟旋转一圈，辐射强度非常大，如果人们能够看到射电波，这个射电源将是天空中最大、最明亮的星体，其亮度是满月的 20倍。根据人马座 A 超新星遗迹的规模和射电源的辐射强度，以及对银河系中心天体质量的测算，科学家们推测银河系中心存在着一个超大质量黑洞，其质量约为太阳质量的 400 万倍。人马座 A* 属于人马座 A 的一部分，被认为是研究黑洞的最佳目标。

类星体

　　类星体是一类奇特的天体。它第一次被科学家们注意，是因为它自身在射电波段和光学波段都有着非常强的辐射，这点看起来与普通恒星有些相似。然而，通过进一步分析，科学家们发现类星体的光谱包括了非常宽的发射线，这点与我们所了解的恒星是不同的。这些发射线都向长波方向位移，被称为红移。这些天体看上去和恒星一样，因此被称为类星体。类星体的发现，与宇宙背景辐射、星际分子、脉冲星的发现，被称为 20 世纪 60 年代天文学的四大发现。2017年 12 月，美国国家航空航天局官网报道，科学家在早期宇宙探索中有一个极为不可思议的发现——迄今为止已知的最遥远的超大质量黑洞。这个黑洞被称为J1342+0928，科学家将其形容为宇宙巨兽，因为它的质量高达太阳的 8 亿倍。科学家认为，这个超大质量黑洞正在不断吞噬周围的物质，爆发出强烈闪光，成为所谓的类星体。根据各大望远镜测得的红移值，科学家可以对其距离做出判断。

类星体通常有很高的红移，这说明它们离
地球很远；它们的光度也很高，甚至能够
达到银河系的 100 倍以上。

类星体的发现

1960 年，美国天文学家桑德奇用一台直径5 米的光学望远镜，找到了剑桥射电源第三星表上第 48 号天体（3C 48）的光学对应体。在这个光谱中，桑德奇发现了一些又宽又亮的发射线。1963 年，荷兰裔美国天文学家施密特也发现了一个类似的天体（3C 273），经过仔细研究，发现其光谱中无法认证的宽发射线，其实是氢和氧的电离谱线，并具有很高的红移，从而使"类星体"这类天体开始受到关注。

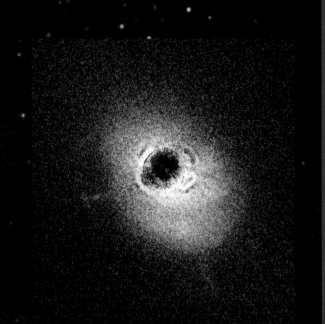

"哈勃"空间望远镜拍摄到类星体 3C 273 的可见光照片

类星体的特征

类星体看起来类似恒星，实际上却是距离银河系非常远、本身拥有很大能量的巨大天体，其中心有可能是超大质量黑洞。虽然黑洞本身没有光线发出，但是在吞噬周围物质的过程中，它却在不停地向外辐射出能量。科学家们发现，绝大多数类星体都有很大的红移值，也就意味着它们的距离非常遥远；同时，类星体的体积不会太大，远小于星系的尺度；另外，类星体在光学、紫外线、X 射线的各个波段，都存在着很强的辐射。

"钱德拉"X 射线空间望远镜观测到的类星体 PKS 1127-145 的 X 射线图像

活动星系核

随着观测技术的逐步提高，科学家们观测到了类星体所处的宿主星系。很多科学家认为，类星体实际上可能是一类活动星系核。也就是说，在星系的核心位置有一个非常大的黑洞，在强大的引力作用下，附近的尘埃、气体和其他星际物质围绕黑洞高速旋转，形成了一个巨大的吸积盘。一个可能的解释是，物质掉入黑洞内，就会伴随着巨大的能量喷射，形成物质喷流，沿着吸积盘垂直方向高速喷出。如果这些喷流正对着观测者，观测者将接收到很强的射电辐射信号。

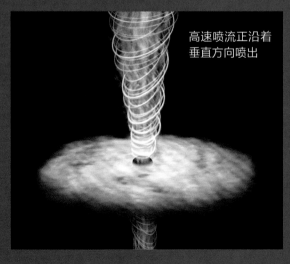

高速喷流正沿着垂直方向喷出

黑洞和吸积盘模型示意图

星系

　　与太阳系相比，星系是一个更为庞大的系统，它包括数以千亿计的恒星，以及各种绚丽的星际尘埃和星云，甚至还有肉眼看不见的成分，如暗物质和暗能量。星系内部的恒星彼此间存在着相互运动，整个星系也在围绕着其中心旋转，而星系作为一个整体，也在朝某个方向运动。从更大的尺度看，星系呈现出不同的形状，包括旋涡星系、棒旋星系、椭圆星系和不规则星系等。

旋涡星系的中心有巨大的
核心，有可能存在着黑洞。

旋涡星系

　　旋涡星系由恒星、气体和尘埃组成，是有旋臂结构的扁平状星系。从正面看，这种星系就像一个大旋涡一样。天文学家们观测旋涡星系时，发现它们的中心一般都存在凸起的结构，而越向外延伸，整个星系看上去就越薄。同时，还有从星系中心向外延伸出的旋臂结构围绕着中心转动。旋涡星系是目前观测到的最多的一种星系，其形状非常漂亮。

棒旋星系

　　棒旋星系是旋涡星系的一种。与普通的旋涡星系不同，在棒旋星系中，能明显观测到一种棒状的结构贯穿整个星系的核心部分。棒状结构的中心部分显得较为粗壮，旋臂则是从棒状结构的两端延伸出来，就像是一个纺锤以自身的中心点旋转，而旋臂就像是从纺锤两端甩出的无数根细纱一样。棒旋星系看起来非常壮观。

NGC 1300 是一个典型的棒旋星系，其左右两端甩出的部分是它的旋臂。旋臂上拥挤着密集的恒星和气体尘埃。

椭圆星系

　　椭圆星系的外形看起来呈现出圆形或椭圆形的形状，中心较为明亮，亮度从中心部分向外逐渐递减。在椭圆星系中，通常只有少量的星际物质和尘埃，年轻恒星的数目也不多，所以它被称为"老人国"星系。

椭圆星系通常呈黄色或红色

不规则星系

　　除了旋涡星系和椭圆星系，宇宙中还有一类不规则星系。不规则星系没有特定的形状，核心部分难以辨认，也看不出旋臂。有些不规则星系看上去甚至像是被撕裂的好几个部分。不规则星系内部，往往有恒星在不断形成。

在全天最亮的星系中，不规则星系大约只占 5%。

银河系

夏天，在野外没有遮挡的地方，我们很容易看到一条从南到北横亘天际的漂亮的光带，这就是银河。银河里的恒星非常密集，肉眼看起来根本无法一颗颗地分辨，这些恒星聚集在一起，就像一条银色的河流。我们看到的银河，其实就是银河系。银河系是太阳系所在的星系，属于旋涡星系。科学家们认为，银河系中包括超 1000 亿颗恒星，以及大量的星云、星团、星际气体和尘埃。太阳系处于银河系内部，因此我们直接看到的是银河系的侧面。

在地球上望银河

在北半球的夏夜，在地球上看到的是银河系中心方向的夜空，因此在夏季的夜空中，我们能看到的恒星特别多。在北半球的冬夜，我们只能看到银河系边缘方向的天空，因此，冬夜的恒星看起来比夏天就要少一些。

银河系的自转

天上的星星看似都停在那里不动，所以取名恒星。其实，所有的恒星都在运动，它们围绕着银河系的中心旋转。1927年，荷兰天文学家奥尔特仔细测量了太阳周围每一颗恒星的运动，准确地测量了银河系的自转速度。原来，我们的银河系是一个旋涡星系，不停地在那里自转着。太阳围绕银河系的运行速度达 220 千米 / 秒。太阳绕银河系一周的时间约 2.5 亿年，被称为宇宙年或银河年。旋转的银河系有几个旋臂。我们身处银河系之中，很难准确地测出所有的旋臂结构。

为什么银河的英文是 Milky Way？

在中国古代，人们把银河视为天上的河流，还想象出牛郎织女鹊桥相会的神话故事。西方人则认为银河是天后喂养婴儿时流淌出来的乳汁。银河的英文"Milky Way"就是"牛奶之路"的意思。

银河系的旋臂主要有半人马臂、矩尺臂、船底臂、英仙臂等，我们所在的太阳系位于银河系的一个分支旋臂——猎户臂上。

银核

银河系的尺度和结构

银河系就像一个巨大的圆盘，它的直径超过 10 万光年。银河系内大多数的恒星都集中在中心一个扁球状的空间范围内，这个扁球状的核球半径达 7000 光年；核球的中心称为"银核"，四周称为"银盘"。在银盘外部延伸出一个更大的区域，那里分布的恒星相对较少，称为"银晕"。太阳系距离银河系的中心超过 2.6 万光年。

太阳系

数以百万计的恒星组成的球状星团

核心

暗晕

银盘

仙女座大星系

仙女座大星系是一个旋涡星系，在《梅西耶星云星团表》中编号 M31，在《星团星云总表》中编号 NGC 224，是距离银河系最近的星系之一，仅有 250 万光年。仙女座大星系因其身处仙女座而得名，在天气情况良好的时候，我们用肉眼即可看见，它呈现为一个椭圆形状的光斑。观测显示，仙女座大星系直径约 22 万光年，其内部所包含的恒星非常密集，数量达到 1 万亿颗。最新的观测数据表明，仙女座大星系（包含暗物质）的质量约是 1.5 万亿个太阳质量，这大约是银河系质量的 1.76 倍。

1899 年拍摄的仙女座大星系

仙女座大星系的核心部分影像

发现仙女座大星系

作为一个距离银河系很近、肉眼可见的星系，人们很早就开始了对仙女座大星系的关注。早在公元前 964 年，波斯的天文学家阿尔苏菲在《星体位置》一书中，把仙女座大星系描述为"朦胧的图片"。1612 年，德国天文学家马里乌斯用望远镜对其进行了观测和记录，并标记为"小云"。1764 年，梅西耶将仙女座大星系命名为 M31。后来，赫歇尔、帕森斯等人对仙女座大星系先后进行了精细的观测，获得了更多的细节。1925 年，哈勃在仙女座大星系的照片上发现了造父变星，确定了仙女座大星系的距离。随着观测手段的进步，对于仙女座大星系的研究和了解也越来越细致。

仙女座大星系的结构

　　仙女座大星系形成于约 100 亿年以前，由数量众多的小型原始星系的碰撞和合并而成。星系的直径超过 22 万光年，核心部位有一个密集而紧凑的星团，周围的恒星围绕着星系的核心部分，以不同的速度旋转。更清晰的内核影像显示，在星系的中心位置有两个核心，并存在一个超大质量的黑洞。仙女座大星系的外围被一个巨大的热气体晕所包围，气晕的质量达到星系内恒星质量的一半以上。仙女座大星系有着数量众多的卫星星系，由 14 个已知的矮星系组成，其中最容易被观测到的是 M32 和 M110。

广域红外探测器拍摄的仙女座大星系结构图

仙女座大星系与银河系的碰撞

　　科学家研究发现，仙女座大星系正以约 110 千米 / 秒的速度接近银河系，以约 300 千米 / 秒的速度接近太阳系。天文学家估计，30 亿年～40 亿年以后，这两个星系将会发生碰撞，并有可能合并成为一个更为巨大的星系。星系的碰撞在星系群中为常见现象，科学家认为，仙女座星系的气晕可能就是 20 亿年前被其吞并的一个大型星系遗留下来的。

● 银河系
直径为 10 万～ 18 万光年

距离 250 万光年

仙女座大星系
直径为 22 万光年

更大尺度的宇宙

从我们的地球－月球系统，到太阳、行星、小行星等组成的太阳系，再到包含上千亿个恒星的银河系……随着观测手段的进步，科学家们所发现的天体集合的尺度越来越大。比如许多和银河系的尺度相当的星系，因为某种引力的作用聚合在一起，形成一种比星系更大的天体集合——星系团。在星系团之上，还有超星系团。

星系团

相比于星系的尺度，更多的星系由于引力的相互作用而束缚在一起，呈现出一个整体的状态，这就是星系团。星系团的尺度通常能够达到 1000 万光年，其中包含数百个或上千个星系。包含较少星系的星系团，科学家们也称之为星系群。距离我们最近的室女座星系团，包含超 2000 个星系。

本星系群中的三角座星系

本星系群

银河系所在的星系团称为本星系群，本星系群又属于范围更大的室女座超星系团。本星系群包含的星系数量较少，只有约 50 个星系，其中两个最大的成员是银河系和仙女座大星系。本星系群是一个典型的疏散星系团，没有明显的向中心聚集的趋势，其全部星系覆盖的区域直径约 1000 万光年。科学家们推测，数十亿年后，银河系和仙女座大星系将会合为一体，成为更巨大的星系。

超星系团

天文观测显示，星系团的分布是不均匀的，它们多数都聚合在一起，成为一个集团，构成一个比星系团更高一级的天体系统，这就是超星系团。一个超星系团内通常含有几个星系团，拥有超过几十个星系团的超星系团是不多的。同时，由于超星系团内部各星系团的引力相互作用较弱，因而也有科学家认为，超星系团是不稳定的系统。超星系团的质量一般能有 $10^{15} \sim 10^{17}$ 个太阳质量那么大。

可观测的宇宙

人类能观测到的宇宙，只是宇宙中很小的一部分。宇宙学原理告诉我们，宇宙中的物质分布在大尺度上是均匀的和各向同性的。也就是说，各种各样的天体均匀地散落在宇宙空间中，而且没有方向性。我们站在宇宙中的任何一点，所看到的宇宙都是一样的，宇宙没有中心。宇宙从诞生至今，已经有 137 亿年，天文学家在不断地努力，试图观测到宇宙演化中的各个历史时期——最初是大爆炸，之后是宇宙背景辐射，最后到星系和恒星的诞生。

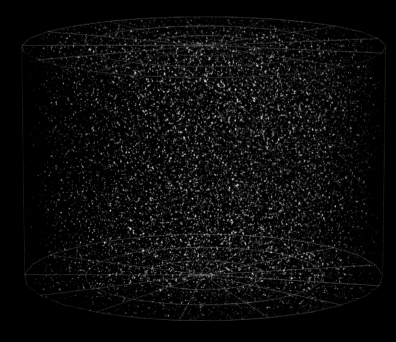

看不见的成分

人们曾经认为，宇宙的成分主要包括恒星、星云、星际物质和尘埃，至于行星和其他小天体，只是在其中非常细微的一部分。然而随着研究的深入，科学家们逐渐发现，通过望远镜观测到的天体，在总质量上似乎与计算所得到的质量相差非常大。于是科学家们引入了暗物质和暗能量两个概念。通过对引力所产生的效应进行研究，科学家们发现宇宙中有大量暗物质存在，这是现代宇宙学和粒子物理学的重要课题。

暗物质

暗物质是无法通过电磁波进行观测研究的物质，它自身不带电，也不与电磁力产生作用。也就是说，无论是在目视的光学波段，还是红外、射电等其他波段进行观测，都无法直接发现暗物质的存在。暗物质密度非常小，但是庞大的体积使得其总质量非常大。在现代天文学上，科学家们通常通过引力透镜、宇宙中大尺度结构的形成、微波背景辐射等方法和理论，来探测暗物质的存在。

暗能量

暗能量是一种未知的能量存在形式。科学家们为了解释在宇宙膨胀过程中的加速趋势，引入了暗能量这个概念。也就是说，暗能量是一种充满宇宙空间，并在促进宇宙膨胀过程中起重要作用的能量形式。主流的观点认为，在可观测的宇宙中，暗能量占据了约73%的质量，暗物质占据23%，而其他物质，如可以观测到的不计其数的恒星等，则只占据约4%的质量。这是一个惊人的结论。

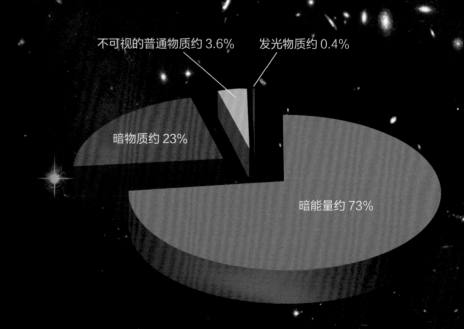

引力透镜效应揭示可能存在的暗物质环

不可视的普通物质约3.6%　　发光物质约0.4%

暗物质约23%

暗能量约73%

宇宙中的各种物质成分比例示意图

微波背景辐射

根据宇宙大爆炸学说，宇宙微波背景辐射是在大爆炸后遗留下来的热辐射，它是一种充满了整个宇宙的电磁辐射，特征与 2.725K 的黑体辐射相同，频率属于微波范围，又称为"3K 背景辐射"。用传统的光学望远镜观测，由于恒星和其他天体分布的原因，宇宙呈现出或亮或暗的不均匀性；然而科学家们使用灵敏度最高的射电望远镜扫描太空时，却发现微弱的背景辉光，在各个方向上几乎一模一样，与任何恒星、星系或其他天体都毫无关系。科学家们认为，这是我们宇宙中最古老的光。科学家们观测和研究微波背景辐射，对于研究宇宙的起源和演化有着重要的意义。

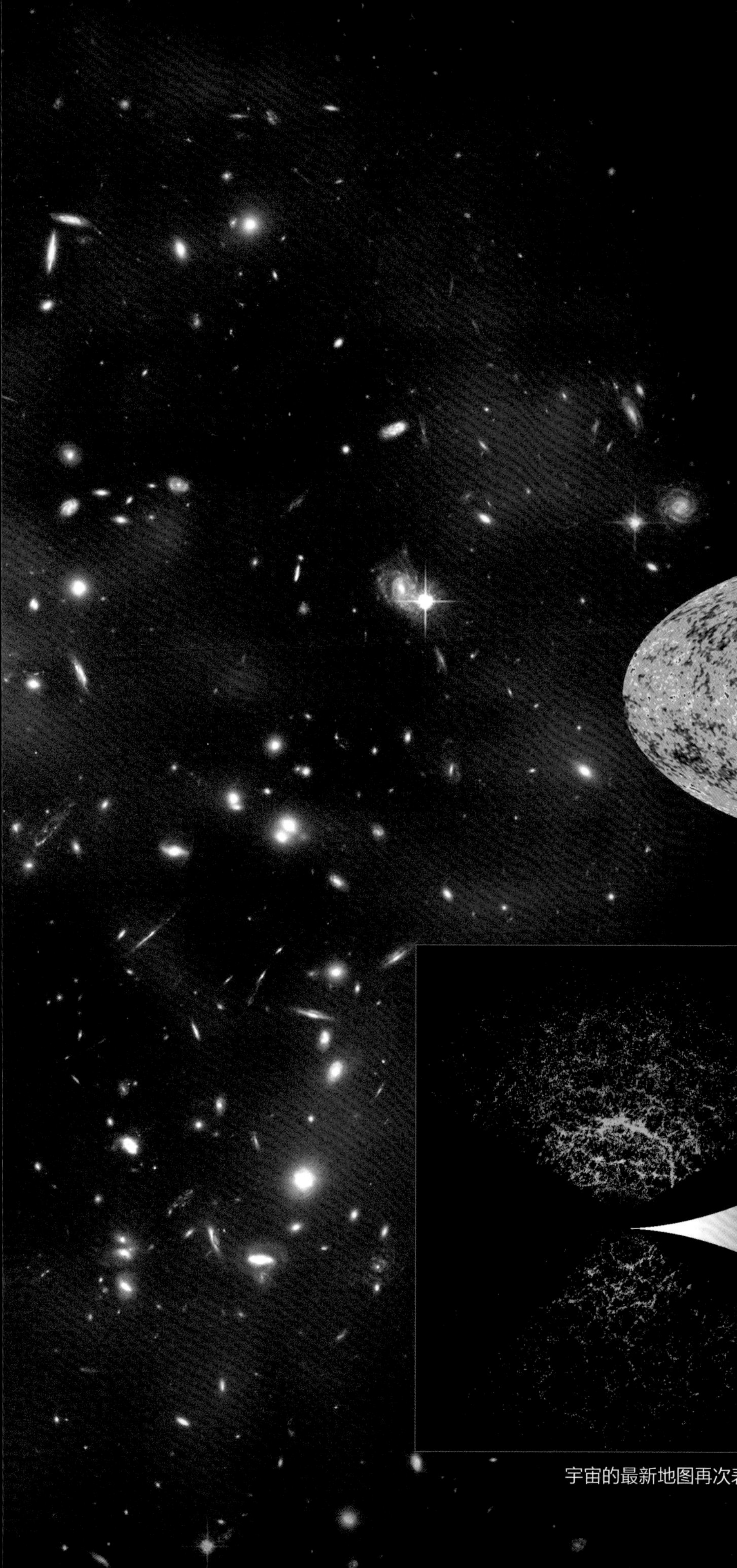

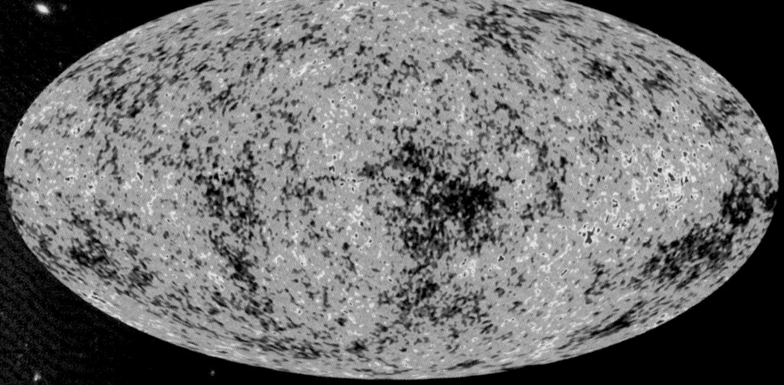

宇宙微波背景辐射全天图

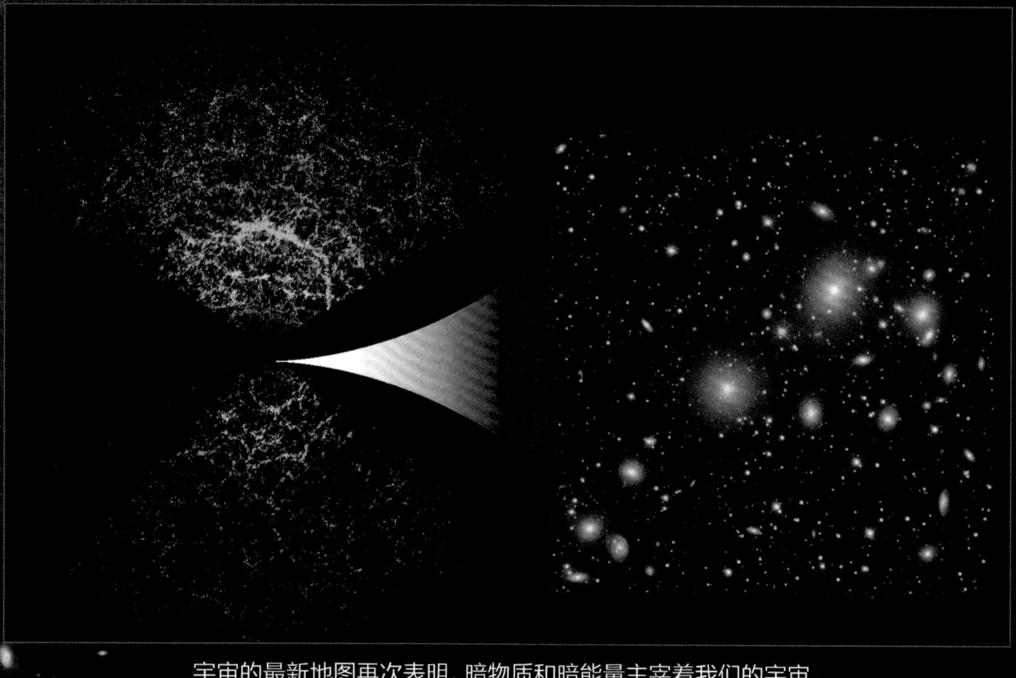

宇宙的最新地图再次表明，暗物质和暗能量主宰着我们的宇宙。

宇宙大爆炸

　　宇宙大爆炸学说是现代宇宙学中最主流的宇宙学模型，它描述了从宇宙起源的最早期到后来的大规模演化，由热到冷的演化过程。在当前的科学观测和研究过程中，这个观点得到了广泛的支持，后续的很多宇宙学研究都是基于这个学说开展理论研究的。简单地说，宇宙诞生于一个密度极大、温度极高的状态，经过极短时间之内的快速膨胀，产生了组成当前宇宙的一些主要成分，比如氢和氦，并在此基础上继续膨胀，达到了今天的状态。哈勃定律、微波背景辐射、元素丰度是支持宇宙大爆炸学说的重要证据。

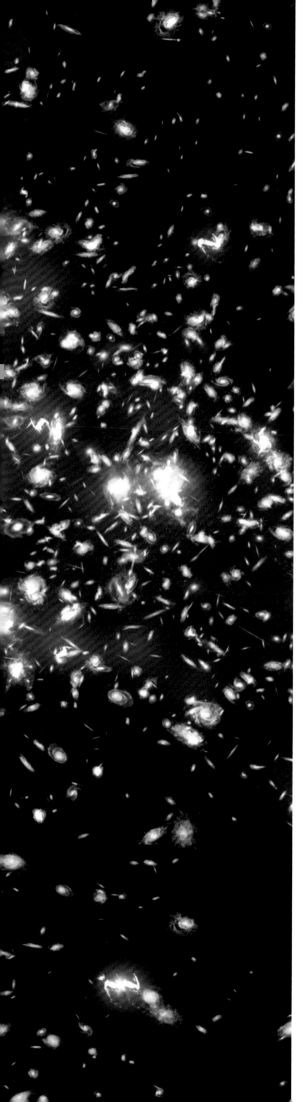

基本假设

　　大爆炸理论建立在两个基本的假设上：物理定律的普适性和宇宙学原理。科学家们基于这两个假设推出了宇宙大爆炸学说。目前，科学家们依然在不断地对这两个基本假设进行验证。比如，对于第一个假设而言，科学家们通过对太阳系以及双星系统的观测，再加上较为精确的实验，验证了广义相对论的正确性；而宇宙学原理，指宇宙在大尺度上是均匀而且各向同性的，目前科学家们对宇宙微波背景辐射的观测已精确到 10^{-5} 量级，宇宙的均匀性、各向同性仍然成立。

潘多拉星系团距离我们的银河系极其遥远，达 30 亿光年。科学家认为，这个星系团是由成百上千个不同的星系组成的集群，是宇宙中由引力聚合起来的最大结构尺度，先后由 4 个不同星系群相互撞击合并而成。

宇宙的诞生

"大爆炸"是科学家描述宇宙诞生初始条件以及后续演化的一个宇宙学模型理论。在当前的科学观测和研究过程中，这个观点得到了广泛的认同，后续的很多宇宙学研究都是基于大爆炸理论开展的。简单地说，宇宙大爆炸学说认为：在过去有限的时间之前，存在一个密度极大、温度极高的状态，在经历了一次猛烈的大爆发之后，宇宙不断膨胀，进而达到今天的状态。

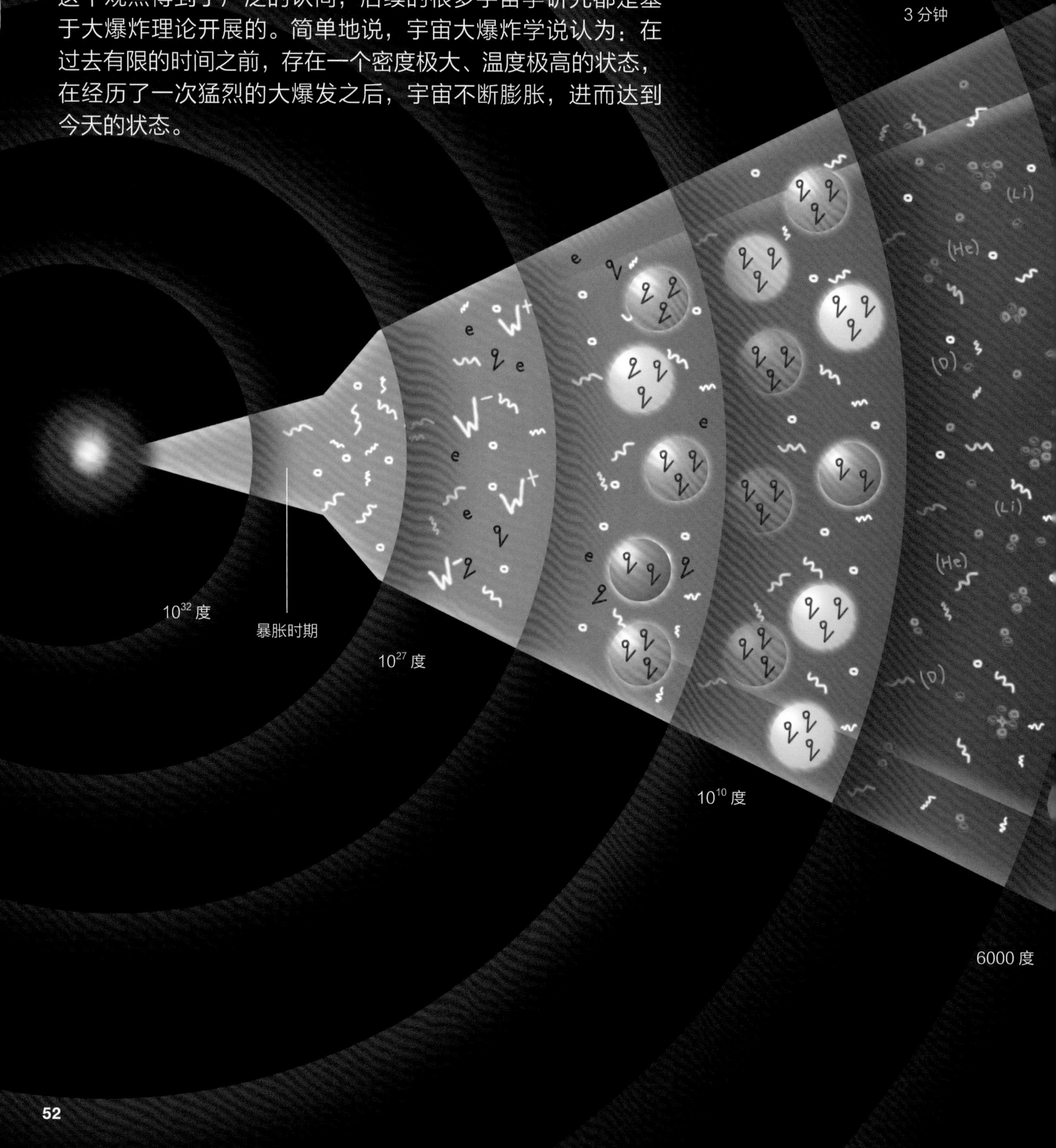

3 分钟

10^{32} 度

暴胀时期

10^{27} 度

10^{10} 度

6000 度

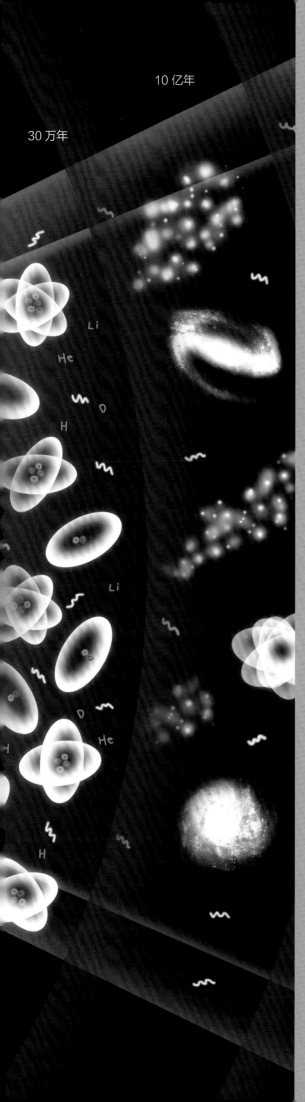

10 亿年

30 万年

宇宙的年龄

通过广义相对论，科学家们对宇宙的膨胀进行了反向推演，得出一个初步的结论，就是宇宙在过去有限的时间之前，曾经处在一个温度、密度都无限高的状态。这就被视为宇宙最初的诞生期。在这个推演过程中，科学家们通过观测超新星来测量宇宙的膨胀，通过测量宇宙微波背景辐射温度的涨落，最终计算出这个有限的时间，也就是宇宙的年龄，大约为 137 亿年。

宇宙视界

宇宙视界是指地球上能接收的宇宙电磁波传来的最大范围。根据大爆炸理论，在宇宙的演化过程中，会有视界存在。由于光速是有限的，并且宇宙的演化时间也是有限的，那么一定存在某些事件，我们无法通过观测来了解这些事件的相关信息。所以就存在这样一个极限，或称为过去视界，只有发生在这个极限距离内的事件才有可能被我们观测到。另外，由于宇宙空间仍然处于不断地膨胀过程中，并且离你越远，相互退行速度越快，因此有可能从地球发出的电磁波永远也无法到达那里，这个极限被称为未来视界，只有发生在这个极限范围内的事件，才有可能被我们所影响。

宇宙大爆炸始于约 137 亿年前		
时间	温度	状态
大爆炸开始时	极高温度	极小体积，极高密度，称为奇点。
大爆炸后 10^{-43} 秒	约 10^{32} 度	宇宙从量子涨落背景出现。
大爆炸后 10^{-35} 秒	约 10^{27} 度	引力分离，夸克、玻色子、轻子形成。
大爆炸后 5^{-10} 秒	约 10^{15} 度	质子和中子形成。
大爆炸后 0.01 秒	约 1000 亿度	光子、电子、中微子为主，质子中子仅占 10 亿分之一，热平衡态，体系急剧膨胀，温度和密度不断下降。
大爆炸后 0.1 秒	约 300 亿度	中子质子比从 1.0 下降到 0.61。
大爆炸后 1 秒后	约 100 亿度	中微子向外逃逸，正负电子湮没反应出现，核力尚不足以束缚中子和质子。
大爆炸后 13.8 秒	约 30 亿度	氢、氦类稳定原子核（化学元素）形成。
大爆炸后 3 分 45 秒	约 9 亿度	宇宙直径膨胀到约 1 光年，已有超过 1/3 的物质合成氦。
大爆炸后 35 分钟	约 1 亿度	此时核反应趋于停止，各种粒子数目趋于稳定。

宇宙没有中心

　　宇宙是一个时间和空间的集合，囊括了我们肉眼可见的行星、恒星、星系、各种星际物质，以及所有以其他形式存在的物质和能量。更多的观测结果让我们认识到，我们的太阳仅仅是银河系中数千亿颗恒星之一，而银河系也仅仅是宇宙中至少数千亿个星系之一。每个星系中的许多恒星，都拥有自己的行星。在最大的尺度上，星系在各个方向上的分布是均匀一致的，这就意味着宇宙既没有边缘，也没有所谓的中心。在稍小的尺度上，星系以星系团和超星系团的形式分布，在宇宙的空间中形成巨大的细丝和空洞状结构，宛如巨大的泡沫海绵。

我们想象一下，宇宙中的星系就好像画在气球表面的斑斑点点，随着气球不断被吹大，你会发现所有的斑点都在彼此相互远离，每一个身处任意斑点上的观测者，都能发现以自己为中心，其他的星系都在远离自己。

乔尔丹诺·布鲁诺
Giordano Bruno

1548 年 ~ 1600 年
国籍：意大利
领域：数学、哲学
成就：在哥白尼的理论上进行扩展，提出恒星只是遥远的太阳，其周围的行星可能孕育有生命。坚称宇宙实际上是无限的，在宇宙的"中心"部位不可能有天体。
著作：《论无限宇宙和世界》《挪亚方舟》等

宇宙的形状

　　宇宙的形状是宇宙的局部和整体的几何形状。广义相对论描述了宇宙的时空如何因为质量和能量的分布而变得弯曲，这种弯曲是三维空间的弯曲。科学家们构建了几种模型来对宇宙空间的曲率进行描述，可能存在着平坦的宇宙空间、正曲率的宇宙空间（封闭）和负曲率的宇宙空间（开放）等几种情况。目前从观测来看，宇宙是扁平的、均匀的，其中暗物质、暗能量占据了绝大部分。

宇宙几何

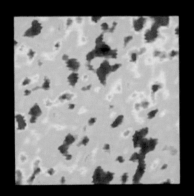 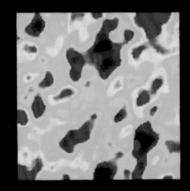 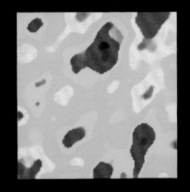

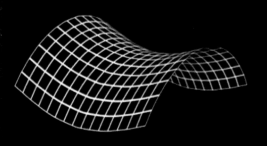 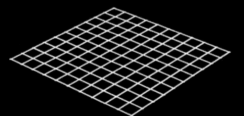 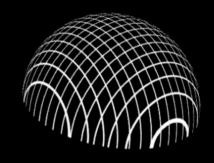

开放的宇宙　　　　　　　　　平坦的宇宙　　　　　　　　　封闭的宇宙

宇宙的膨胀

从大爆炸那刻起，宇宙就开始了自身的膨胀。按照一般对于爆炸物的想象，人们认为这个膨胀应该是有限度的。在达到某个平衡状态，比如相对分布均匀的状态后，由于相互间引力的作用，这个膨胀是否会逐渐减慢，甚至会停下来呢？最新的观测发现不是这样。宇宙目前仍然处于膨胀之中，甚至还有加速膨胀的趋势。这个观点的特点在于，无论你身处宇宙当中的哪个点，比如地球，或离我们最近的比邻星，或其他的河外星系，你都能观测到宇宙中的其他星系在远离自己。

红移

红移指的是当光源远离观测者运动时，观测者观察到光源所发出的电磁波会发生波长增加、频率降低的现象，这在可见光的波段，体现在谱线朝向红光端移动。这类似于声波因多普勒效应而造成的频率变化：大街上汽车疾驰而来，它鸣笛发出的声音越来越尖锐；随着汽车驶远，声音逐渐低沉。天文学科学家们常用红移现象来测量天体的运动。

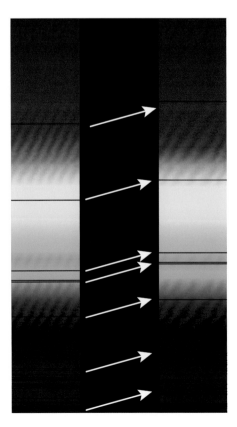

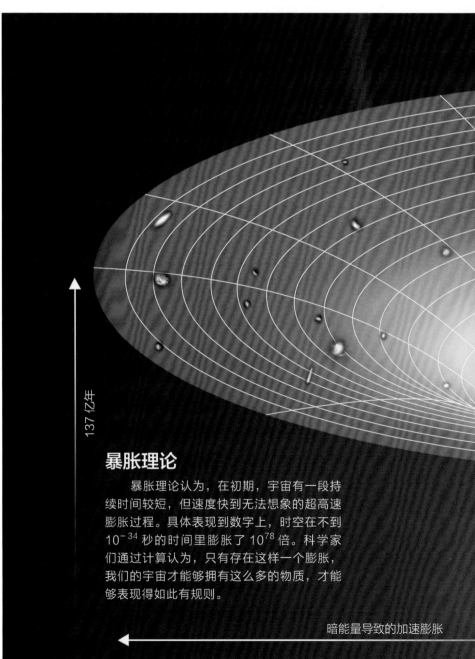

137 亿年

暴胀理论

暴胀理论认为，在初期，宇宙有一段持续时间较短，但速度快到无法想象的超高速膨胀过程。具体表现到数字上，时空在不到 10^{-34} 秒的时间里膨胀了 10^{78} 倍。科学家们通过计算认为，只有存在这样一个膨胀，我们的宇宙才能够拥有这么多的物质，才能够表现得如此有规则。

暗能量导致的加速膨胀

哈勃定律

　　美国天文学家哈勃在 1929 年提出，河外星系的退行速度与距离成正比。也就是说，这个星系距离我们越远，其视向速度就会越大。这就是哈勃定律，又称哈勃效应。哈勃定律通常用来推算遥远星系的距离，是宇宙膨胀理论的基础，有很多科学家为此做出了重要贡献。事实上，为了纪念比利时科学家勒梅特在研究宇宙膨胀过程中所起的重要作用，国际天文学联合会于 2018 年 10 月通过投票，正式将"哈勃定律"更名为"哈勃－勒梅特定律"。

加速膨胀的宇宙

　　科学家们通过观测 Ia 型超新星红移发现，这些超新星与我们的距离跟我们的预料相比遥远得多，这说明宇宙仍处在加速膨胀的过程中。2011 年的诺贝尔物理学奖就授予了发现这一现象的三名科学家。对于造成宇宙加速膨胀的原因，科学家们仍然不能完全确定，但大都认为这应该是暗能量起了主要作用。但是，暗能量的作用机理目前仍不太明确。

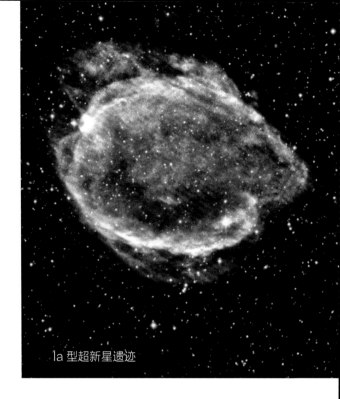

Ia 型超新星遗迹

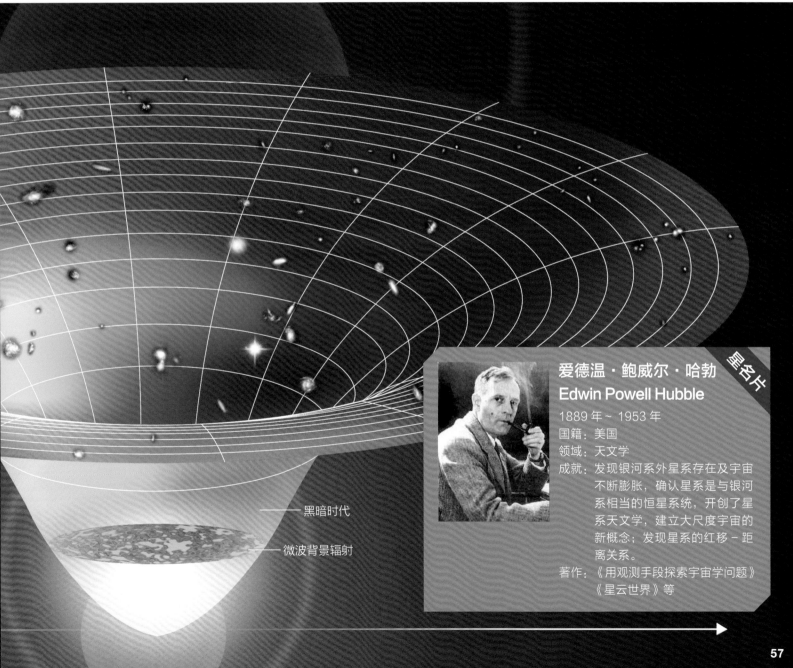

—— 黑暗时代

—— 微波背景辐射

黑名片

爱德温·鲍威尔·哈勃
Edwin Powell Hubble

1889 年 ~ 1953 年
国籍：美国
领域：天文学
成就：发现银河系外星系存在及宇宙不断膨胀，确认星系是与银河系相当的恒星系统，开创了星系天文学，建立大尺度宇宙的新概念；发现星系的红移－距离关系。
著作：《用观测手段探索宇宙学问题》《星云世界》等

引力波

2016 年 2 月，美国天文学家宣布，他们发现了引力波。此事立刻震惊世界，被认为是 21 世纪最重大的科学发现。这不仅再一次验证了广义相对论，还为人类认识和探测宇宙打开了一扇新的窗口。引力波以光速传播，在传播过程中不会衰减。因此，天文学家可以通过引力波观测到更多的新奇天体，包括宇宙的创生。2017 年 10 月 16 日，包括中国紫金山天文台、美国国家航空航天局、欧洲南方天文台等全球数十家天文机构同步举行新闻发布会，宣布人类第一次直接探测到双中子星合并产生的引力波，并同时"看到"这一壮观宇宙事件发出的电磁信号。

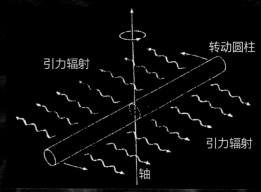

在地球上能探测到引力波吗？设想造一根金属棒，直径 2 米，长 20 米，重 490 吨，让它以 4.5 圈 / 秒的速度旋转，这根棒便不停地向四周辐射引力。其引力辐射的强度有多大呢？要想产生 1 瓦功率的引力辐射能，需要有 10^{30} 根同样的金属棒一起转动。

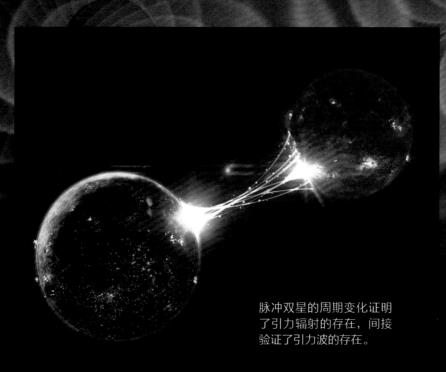

脉冲双星的周期变化证明了引力辐射的存在，间接验证了引力波的存在。

引力辐射现象

引力波是由引力辐射产生的。在发现引力波之前，天文学家首先发现了引力辐射现象。1968 年，脉冲星被发现，正在哈佛大学攻读博士研究生的泰勒设计了一项巡天观测计划，在 300 米射电望远镜上进行脉冲星的巡天观测。他的学生赫尔斯分析了他们新发现的 40 颗脉冲星。其中一颗"怪异者"——PSR1913+16 的周期只有 0.059 秒，即 59 毫秒。他们惊奇地发现，在不到两天的时间里，其周期变化达到 2.7 毫秒。经过进一步观测和分析，他们又发现这是一对脉冲星，它们之间相互绕转，当有引力辐射存在时，系统的能量会减少，系统的运动周期会变化。泰勒和赫尔斯开始了持之以恒的观测，20 年后终于验证了引力辐射的确存在，间接证明了引力波的存在。1993 年，他们因此获得了诺贝尔奖。

基普·斯蒂芬·索恩
Kip Stephen Thorne

星名片

1940 年~
国籍：美国
领域：引力物理学、天体物理学
成就：研究广义相对论下的天体物理学领域的领导者之一，主导两个激光干涉引力波天文台的建设。
著作：《黑洞与时间弯曲》等
电影：《星际穿越》科学顾问
荣誉：因引力波观测方面的贡献与其他两名科学家同获 2017 年诺贝尔物理学奖

共振型引力波探测器

引力之间的传播，靠的就是引力波。在地球上探测引力波，最大的引力源莫过于地球本身，但地球提供的引力波数值太小，根本无法测到。从 19 世纪 60 年代开始，美国天文学家韦伯设计了共振型引力波探测器，探测器包含一组巨大的铝棒天线，每根重达 5 吨，对准天空寻找可能的引力源。韦伯尽了最大的努力，自认为已经测到，但始终没有得到证实。

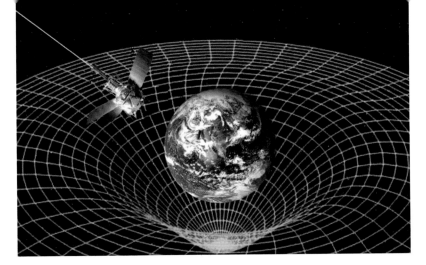

时空弯曲

  100 多年前，爱因斯坦在创立狭义相对论的基础上，又创立了广义相对论。1916 年，爱因斯坦预言，宇宙中应该存在着引力波和引力辐射。自然界只存在四种相互作用，即引力相互作用、电磁相互作用、强相互作用和弱相互作用。我们所熟悉的引力作用就是牛顿发现的万有引力，它与爱因斯坦提出的引力是不同的概念。爱因斯坦认为，引力是与时空联系在一起的，在有物质存在的时空中，时空是弯曲的。在一定的空间内，包含的质量越大，在空间边界处的时空曲率就越大。在某些特定的情况下，加速物体能够使时空曲率产生变化，变化过程能够以波的形式，向外以光速传播。这种传播现象被称为引力波。当引力波通过观测者的时候，观测者就会发现时空被扭曲。

美国路易斯安那州的激光干涉引力波天文台设施

探测引力波

  当引力波通过的时候，物体之间的距离就会发生有节奏的增大和缩短，这个频率对应着这段引力波的频率。同时，这种效应的强度与产生引力波源之间距离成反比。这也是科学家对引力波进行探测的基本原理。引力波还能够穿透电磁波不能穿透的地方，因此对于黑洞这类天体而言，引力波是观测其存在与否的最直接证据之一。进入 20 世纪，观测引力波的仪器设备有了很大改进，已经不再像最初那样，使用笨重的金属天线，精度也越来越高。美国和苏联的科学家首先开始研究，用激光干涉的方法探测引力波，这促成了 1994 年美国激光干涉引力波天文台的建设。天文台由相互垂直的两个干涉臂组成，每一个臂长 4000 米，是一个超真空状态的空心圆柱。2016 年，位于汉福德和利文斯顿两地的两个激光干涉引力波天文台，同时探测到了引力波的存在。

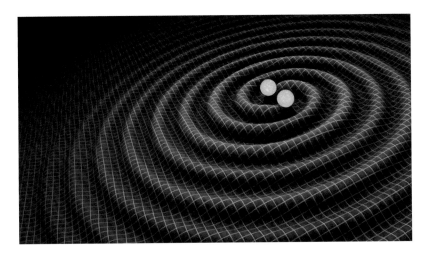

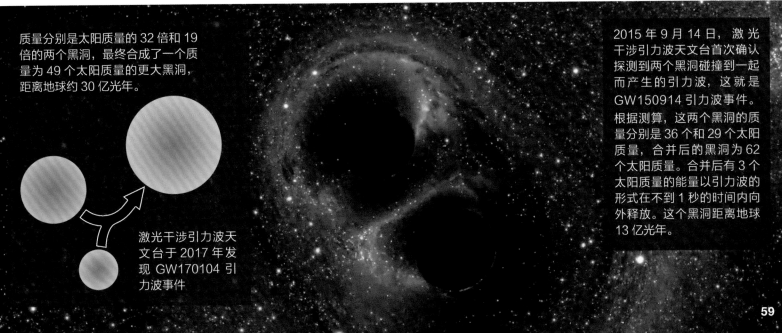

质量分别是太阳质量的 32 倍和 19 倍的两个黑洞，最终合成了一个质量为 49 个太阳质量的更大黑洞，距离地球约 30 亿光年。

激光干涉引力波天文台于 2017 年发现 GW170104 引力波事件

2015 年 9 月 14 日，激光干涉引力波天文台首次确认探测到两个黑洞碰撞到一起而产生的引力波，这就是 GW150914 引力波事件。根据测算，这两个黑洞的质量分别是 36 个和 29 个太阳质量，合并后的黑洞为 62 个太阳质量。合并后有 3 个太阳质量的能量以引力波的形式在不到 1 秒的时间内向外释放。这个黑洞距离地球 13 亿光年。

寻找另一个地球

开普勒 –22b

开普勒 –69c

人类是孤独的吗？是否还有外星生命的存在？人类对这些问题的思考持续了数千年。从单纯的星空想象，到向外太空发射无线电波，再到发射探测器进行空间探测，人类在不断地开展着自己的太空探索活动。到现在为止，人类的太空探索活动获得了很大成就：我们在火星上发现了过去有水流活动的遗迹；我们证实了火星岩石和火星陨石含有有机碳，这表明火星上曾经有过生命活动；我们在木卫二上发现地表下有可能存在巨大的液态水的海洋；我们还探测到即便是在银河系内，也存在着数以千计的类地行星。虽然到现在为止，我们还没有确切证据证明外星生命的存在，但从理论上讲，这在不久的未来很有可能得到证实。

开普勒 –452b

寻找类地行星

科学家们认为，只要有与原始地球相似的条件，生命就极有可能在别处发展起来。因此，如果能找到一颗与地球类似的行星，在这颗星球上找到生命的概率就会大很多。参照地球，我们很容易得出类地行星所需要的条件：有一个金属的核心，以岩石为主要成分的外壳，大气层是再生大气层，表面有液态水的存在环境，与所环绕的恒星距离适中。美国于 2009 年发射了"开普勒"空间望远镜，2018 年发射了凌日系外行星勘测卫星，其目的都是寻找和探测太阳系外的类地行星。

开普勒 –62f

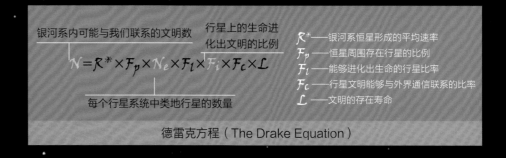

$$N = R^* \times F_p \times N_e \times F_l \times F_i \times F_c \times L$$

银河系内可能与我们联系的文明数

行星上的生命进化出文明的比例

每个行星系统中类地行星的数量

R^*——银河系恒星形成的平均速率
F_p——恒星周围存在行星的比例
F_l——能够进化出生命的行星比率
F_c——行星文明能够与外界通信联系的比率
L——文明的存在寿命

德雷克方程（The Drake Equation）

星名片

弗兰克·唐纳德·德雷克
Frank Donald Drake

1930 年 ~ 2022 年
国籍：美国
领域：天文学
成就：提出"宇宙文明方程式"，即德雷克方程，评估星系存在地外文明的因素。

德雷克方程

美国天文学家德雷克在 1961 年提出了一条公式，用来研究和推断可能与我们接触的银河系内外高智商文明的数量，这个方程被称为德雷克方程。方程的意义在于，不论其中哪一项取值有多么保守，宇宙中都必然会存在人类以外的智慧生命。即便在银河系中只有地球人类这一个智慧生命的存在，目前人类也发现了数十亿计的河外星系，只不过相互间的平均距离远了一些而已。宇宙中存在地外生命，是当前科学家的普遍共识。

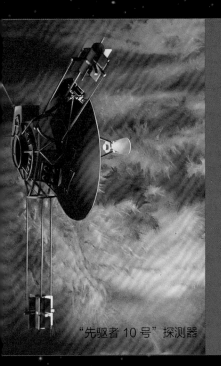

"先驱者"计划

　　"先驱者"计划是美国制订的一系列无人太空探索计划，目的在于对外太空的行星进行探索。探索计划始于1958年，美国先后发射了一系列月球探索卫星，获得了丰富的经验。随后美国发射了4个"先驱者号"探测器，这些探测器在围绕太阳的轨道上运行，用于探测地内行星。1972年和1973年，美国分别发射了"先驱者10号"和"先驱者11号"，用来研究木星和外太阳系。目前，两个探测器都已飞出海王星轨道，离太阳越来越远。它们的方向不同，"先驱者10号"的方向远离银河系中心，目标是金牛座的毕宿五；而"先驱者11号"的目标则是朝向银河系中央前进。美国曾计划在1974年发射"先驱者H"探测器，用于飞离黄道面进行探测，但任务因故取消。

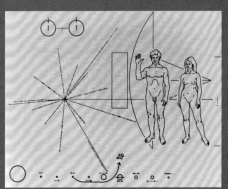

　　"先驱者10号"和"先驱者11号"各携带一块画有人类图案的镀金铝板，科学家们希望借此让外星生命了解地球生命的存在。

"先驱者10号"探测器

"旅行者"计划

　　"旅行者"计划是美国的空间科学探测项目。1977年，美国先后发射了"旅行者2号"和"旅行者1号"，以探测太阳系的外层空间。最初的设计任务是研究木星和土星及其各自的卫星系统，但是由于当时的设计十分出色，两颗探测器的科学任务已先后延长了三次，它们先后飞临木星、土星、天王星和海王星，为人类提供了非常清晰的行星及其卫星的照片。两个探测器都携带了有人类信息的"金唱片"，它们都朝着太阳系的边缘进发。2012年8月25日，"旅行者1号"传回的数据显示，它已经飞越太阳的日球层边界，成为人类历史上飞得最远的人造天体。

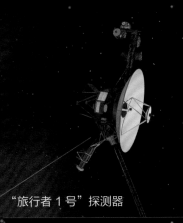

"旅行者1号"探测器

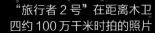

"旅行者2号"在距离木卫四约100万千米时拍的照片

"旅行者号"探测器携带的"金唱片"收录了用以表述地球上各种文化及生命的声音和图像

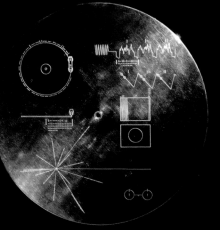

开普勒 –452b

美国于 2009 年发射了"开普勒"空间望远镜，目的在于探测太阳系外类地行星。在其至少 3 年半的任务期内，"开普勒"空间望远镜对天鹅座和天琴座天区的大约 10 万个恒星系统展开精密观测，以寻找其中可能存在的行星和生命迹象。科学家们对空间望远镜观测获得的数据进行分析，从 400 多个恒星系统中确认了 4000 多颗系外行星，其中有很多天体与地球有着极高的相似度。2015 年 7 月 24 日，科学家们宣布发现首颗与地球最为接近的行星，代号为开普勒 –452b，这是人类在寻找地外文明过程中取得的又一个巨大的成就。开普勒 –452b 的轨道半径约为 1.05 天文单位，几乎与地球轨道相同，其公转周期约 385 天，距离地球约 1800 光年。

宜居带

宜居带指的是围绕恒星运行的轨道范围。在这个范围内，行星表面能够在足够的大气压下维持液态水的存在。太阳系宜居带边界的划定，是根据地球在太阳系中所处的位置，以及它所能够接收的来自太阳的能量辐射来综合计算确定的。由于液态水在地球生物圈中的极端重要性，科学家们在寻找地外生命和宜居范围的时候，将同样的自然条件作为重要的参考。1953 年，宜居带的概念被首先提出来。到现在为止，已经证实很多恒星在其宜居带范围内有对应的行星存在。

2018 年，"开普勒"空间望远镜在耗尽燃料后，停止科学运作，正式退役。

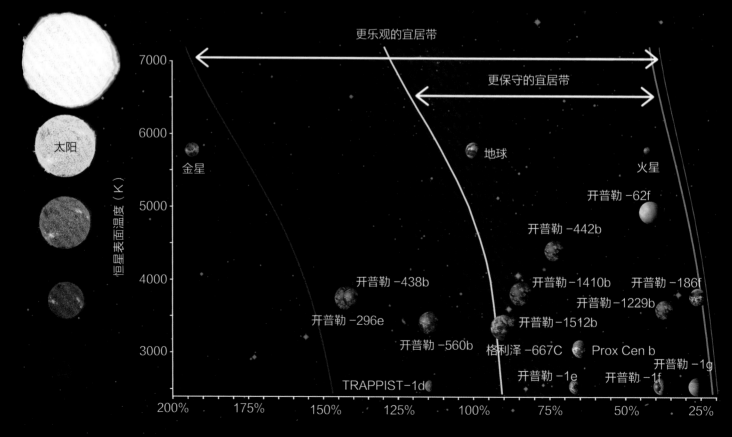

行星接收恒星光照与地球接收太阳光照的对比示意图

开普勒 -452b

银河系

"开普勒"空间望远镜的搜索区域
—3000 光年

Arm 人马座旋臂

⊕太阳

猎户座旋臂

英仙座旋臂

"开普勒"空间望远镜的观测方向

"开普勒"空间望远镜

　　"开普勒"空间望远镜是世界上第一个用于探
测太阳系外类地行星的飞行器，于 2009 年 3 月发
射升空。望远镜以德国天文学家开普勒的名字命名，
重 1000 多千克，搭载了一个直径 1.5 米的主反射镜，
能够对一片固定天区进行持续观测，对视野范围内
的 10 万颗恒星同时进行观察，并且每 30 分钟测量
一次恒星的亮度变化，这就使通过凌日的方法发现
行星成为可能。"开普勒"空间望远镜每天会把大
量的数据传回地球。目前为止，通过望远镜之前获
得的海量数据，仍然有新的地外行星得到确认。

开普勒 -452 恒星系统

　　开普勒 -452 是一颗位于天鹅座的主序星（类
日恒星），距离地球约 1400 光年。天文学家估算，
开普勒 -452 的温度与太阳相似，亮度比太阳高约
20%，质量比太阳大 4%，半径比太阳大 10%。
2015 年 7 月，"开普勒"空间望远镜在这颗恒星附
近发现一颗类地行星，命名为开普勒 -452b。这颗
行星位于开普勒 -452 恒星系统的宜居带内，轨道
直径约 1.05 天文单位，几乎与地球轨道相同，其公
转周期约 385 天。科学家们把这颗与地球非常相似
的行星称为"地球 2.0""地球的表兄弟"等。

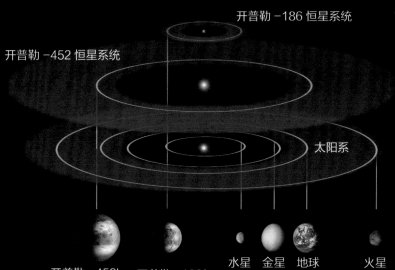

开普勒 -186 恒星系统

开普勒 -452 恒星系统

太阳系

水星　金星　地球　　　火星

开普勒 -452b　　开普勒 -186f

开普勒 -452 系、开普勒 -186 系和太阳系示意图

奇妙的星空

THE WONDER OF STARS

德国哲学家、天文学家康德曾说："有两样东西，越是经常而持久地对它们进行反复思考，它们就越是使人惊赞和敬畏，那就是头上的星空和心中的道德法则。"

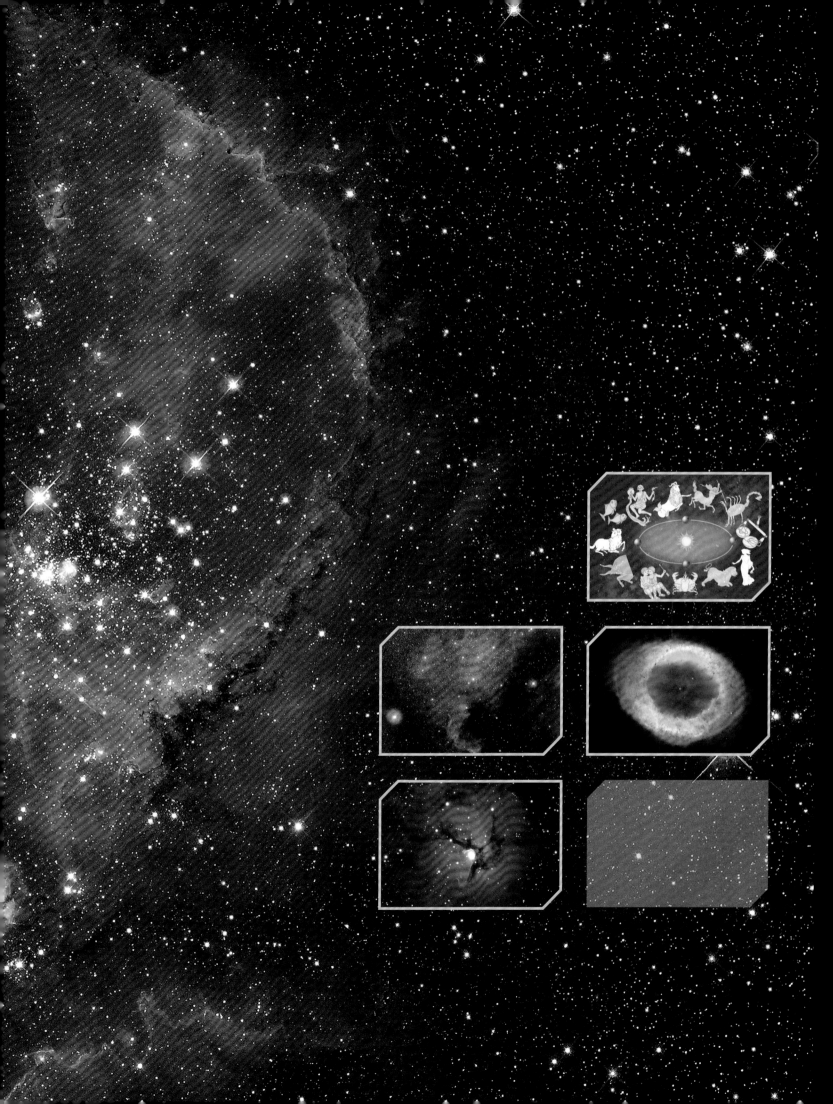

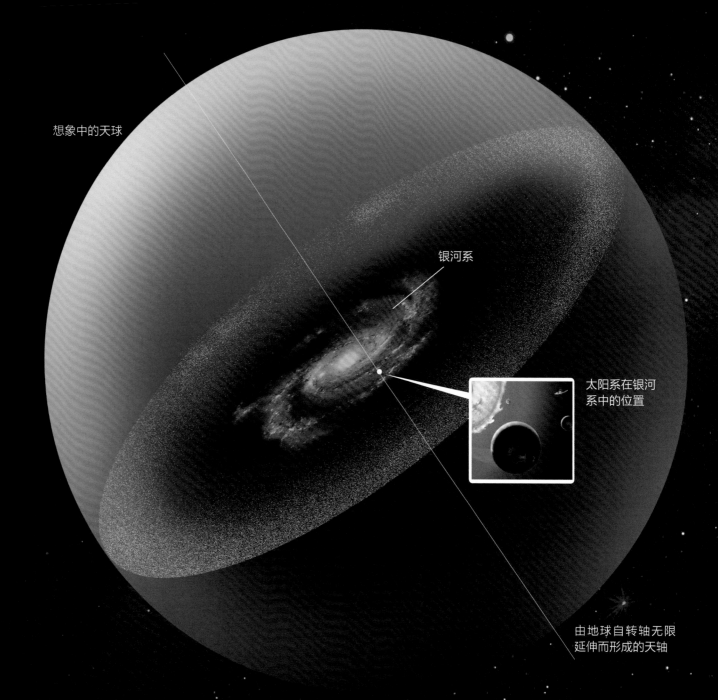

想象中的天球

银河系

太阳系在银河系中的位置

由地球自转轴无限延伸而形成的天轴

星空与星座

在一个晴朗无月的夜晚，远离城市的灯光，仰望天空，漆黑的天幕上，无数晶莹璀璨的星星散布其间。如果你一直在城市中长大，你一定会对眼前这壮观的美景发出由衷的赞叹。

天球和天极

从地球上看，天空好像一个倒扣在地面上的半球，所有的星星都"粘"在球面上。天文学家把这个假想的球称为天球，再根据地球自转，假定有一个贯穿地球南北两极的轴，这个轴无限延伸就成为天轴。天轴的两端就是天极。

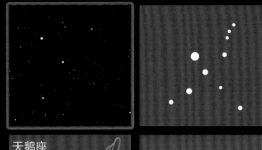

天鹅座

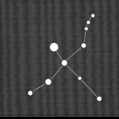

把一群离得比较近、比较亮的星星，用想象的线段连起来，就画成了一个星座。

星座的来历

天上的星星这么多，乍一看有些杂乱无章，所以人们建立了星座体系，把星空按照一定的规律划分为若干个相对较小的区域，先记住这些区域，再记住这些区域中的星星。这种办法是约 5000 年前生活在美索不达米亚（今伊拉克）的牧羊人想出来的，后来传到了古希腊。古希腊人充实和丰富了星座的名称，并将这些星座对应的形象放到神话故事中，形成了著名的星座与希腊神话体系。

克罗狄斯·托勒密
Claudius Ptolemy
约公元 90 年 ~ 168 年
国籍：古希腊
领域：天文学、地理学、地图学、数学
成就：编制有 1022 颗恒星黄道坐标和星等的星表，明确提出存在大气折射现象等。
著作：《天文学大成》《地理学指南》《光学》

俗话说："天上星，亮晶晶，数来数去数不清。"天文学家们通过观测已经知道星的数量。整个天空中，我们肉眼能看到的星一共有 6000 多颗。如果使用天文望远镜，我们还能看到更多更暗的星。

88 星座的确定

古希腊天文学家托勒密整理归纳了 48 个当时在希腊能看到的星座，这些是最早确定的星座。到了 15 世纪，许多航海家航行到赤道附近甚至南半球，看到了在欧洲所不能看到的大片天空，于是新的星座"纷至沓来"，到 19 世纪末竟达 120 个之多。为了进行统一和规范，国际天文联合会于 1922 年将全天星座整理为 88 个，这些星座就成了目前通用于全世界的星座。

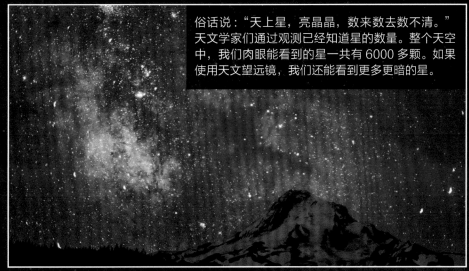

宝瓶座　摩羯座　人马座
双鱼座　　　　　　　天蝎座
白羊座
　　　　　　　　　　天秤座
金牛座　　　　　　　室女座
双子座　巨蟹座　狮子座

黄道星座

我们知道地球绕太阳公转，但因为我们居住在地球上，我们会感觉自己没动，反而是太阳在绕着我们转。这一效应使得太阳在一年中相对于星空背景会在天空中走上一整圈，这个虚拟的大圈就是黄道，黄道所经过的星座就是黄道星座。黄道经过 88 个星座中的 13 个，除了蛇夫座的一小部分之外，从春分点所在的双鱼座数起，依次为双鱼座、白羊座、金牛座、双子座、巨蟹座、狮子座、室女座、天秤座、天蝎座、人马座、摩羯座、宝瓶座。

中国的星空体系

中国是世界四大文明古国之一，对星空的划分和命名有自己独立的系统。古代中国非常强调皇权，所以中国古代的天文学可以说是皇家的天文学。整个星空世界就是帝王统治的国家在天上的反映。

天人合一

中国古人认为，"天"的代表是"天帝"，大到王国的战争、国家的兴衰，小到个人的命运、荣辱，都是由"天帝"通过日、月、星辰来左右着的。天上的星就是"天帝"统治下的文武百官、山川社稷以及对应的各种设施，因此中国的星座又称"星官"或"星宿"。这种自然观被称为"天人合一"，也称"天人感应"。中国传统的星空体系可以归纳为三垣四象二十八宿。

三垣

紫微垣、太微垣和天市垣合称三垣。其中，紫微垣在北极星附近，对应着中国中原地区的拱极区，因此被认为是天上最重要的一个区域，人们将其想象为天帝的居所。所谓拱极区，就是在北极星（准确说是北天极）周围的一个区域，这个区域的星无论怎么转，都不会落到地平线以下，因此又被称为"终年不落区"。

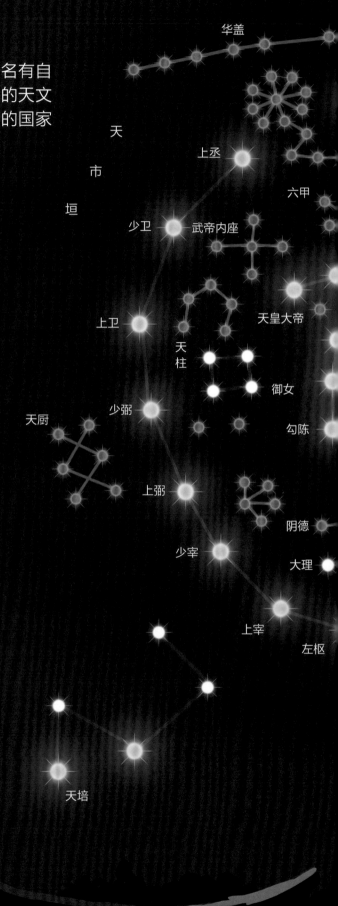

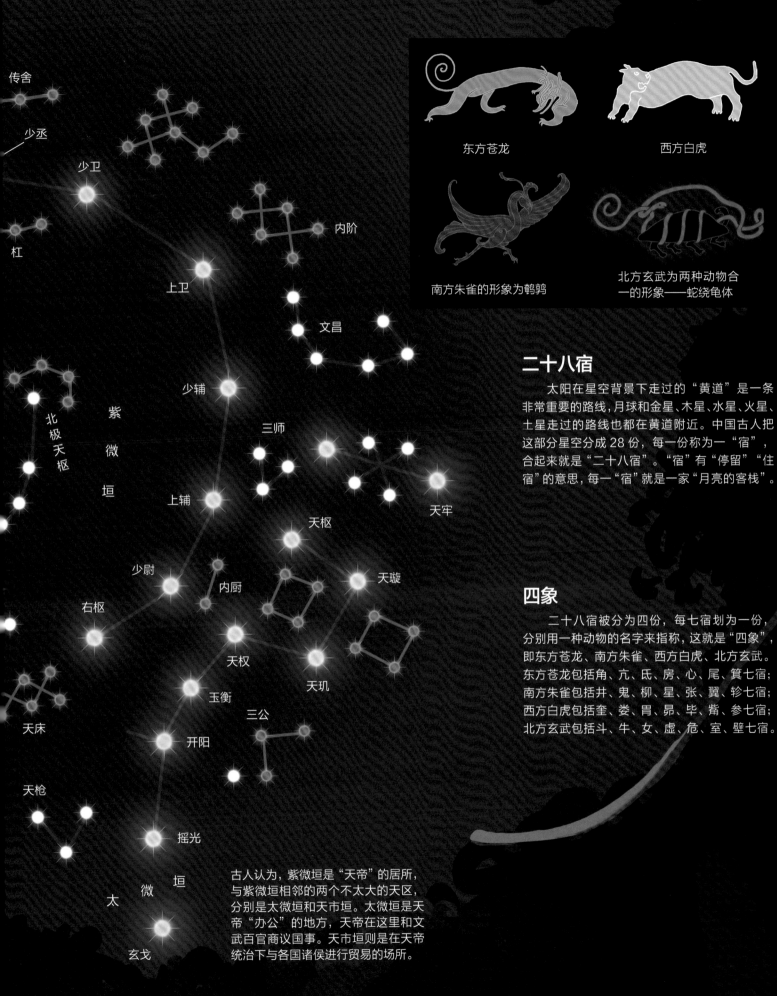

东方苍龙

西方白虎

南方朱雀的形象为鹌鹑

北方玄武为两种动物合一的形象——蛇绕龟体

二十八宿

太阳在星空背景下走过的"黄道"是一条非常重要的路线，月球和金星、木星、水星、火星、土星走过的路线也都在黄道附近。中国古人把这部分星空分成28份，每一份称为一"宿"，合起来就是"二十八宿"。"宿"有"停留""住宿"的意思，每一"宿"就是一家"月亮的客栈"。

四象

二十八宿被分为四份，每七宿划为一份，分别用一种动物的名字来指称，这就是"四象"，即东方苍龙、南方朱雀、西方白虎、北方玄武。东方苍龙包括角、亢、氐、房、心、尾、箕七宿；南方朱雀包括井、鬼、柳、星、张、翼、轸七宿；西方白虎包括奎、娄、胃、昴、毕、觜、参七宿；北方玄武包括斗、牛、女、虚、危、室、壁七宿。

古人认为，紫微垣是"天帝"的居所，与紫微垣相邻的两个不太大的天区，分别是太微垣和天市垣。太微垣是天帝"办公"的地方，天帝在这里和文武百官商议国事。天市垣则是在天帝统治下与各国诸侯进行贸易的场所。

传舍

少丞

少卫

杠

内阶

上卫

文昌

少辅

北极天枢

紫微垣

三师

上辅

天牢

天枢

少尉

内厨

天璇

右枢

天权

天玑

玉衡

三公

天床

开阳

天枪

摇光

太微垣

玄戈

天狼星 −1.47 等

织女星 0.0 等

轩辕十四 1.4 等

认识星空

天上的星星有明有暗，我们应该用什么概念来描述它们的亮度呢？天上的星星五颜六色，这又是什么原因呢？星星这么多，我们该怎样给它们逐一命名呢？要想欣赏星空，又应该做些什么准备呢？

银

观星前的准备

在一个天气晴朗、没有月亮的晚上，找远离城市的乡村、原野或山区，以避开城市的光污染和雾霾观测星空。一定要注意安全，最好找一个"农家乐"或成熟的户外露营地。如果你初学认星，在城市里也可以观星。只要你不是身处灯光特别集中的地方，在晴朗无月的夜晚应该能看到 3 等左右的恒星，认识一些大星座。

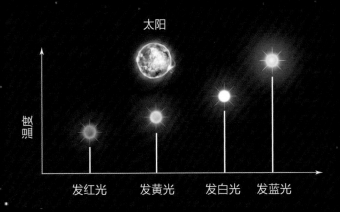

太阳

亮度

发红光　发黄光　发白光　发蓝光

恒星的颜色

不同的恒星不仅有不同的亮度，而且有不同的颜色。常见的恒星颜色有蓝色、白色、黄色、红色。恒星的颜色是由恒星的表面温度决定的。燃烧比较剧烈、发热量高的恒星，表面温度就高，颜色就偏向白色或蓝色；燃烧比较温和、发热量低的恒星，表面温度就低，颜色就偏向黄色或红色。太阳表面温度约为 5500℃，属于黄色恒星之列。

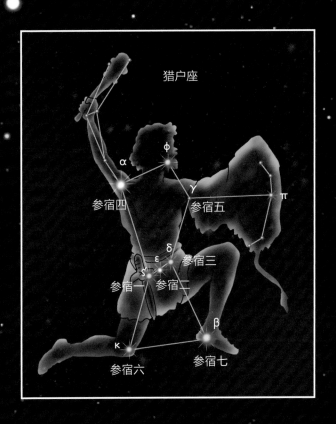

猎户座

视星等	视亮度
6 等	★
5 等	2.5 ×★
4 等	6.3 ×★
3 等	15.6 ×★
2 等	39 ×★
1 等	100 ×★

恒星的命名

一些较亮的星有其专属名字，如织女星的英文名称 Vega。但恒星很多，如果每颗星都取一个名字，那就太难了，也不便于记忆。于是天文学家们想到，用星座加字母的方式来给星命名，即在每一个星座中，按星由亮到暗的顺序，用小写的希腊字母 α、β、γ 等来命名。24 个希腊字母用完，就用拉丁字母。要想给数量比较大的恒星群编号就只能用数字了。

星等

我们用"星等"来描述恒星的亮度。这个概念最早是由古希腊天文学家喜帕恰斯提出的。他把天上最亮的星定为"1 等星"，次亮的星定为"2 等星"，以此类推，到最后肉眼勉强能看见的星定为"6 等星"。这样的划分很粗略。19 世纪时，天文学家们精确定义了星等：星等每差 1 等，亮度差 2.512 倍；星等每差 5 等，亮度差 100 倍。

天上最亮的星定为"1 等星"，我们肉眼勉强能看见的星定为"6 等星"，少数比 1 等星还亮的星，就是"0 等星"和"负等星"。

北斗七星和北极星

　　北斗七星和北极星同属北天的恒星，是人们耳熟能详的星宿。北斗七星的七颗星距离地球远近不等，大致在 60 光年～200 光年。七颗亮星组成显著的斗形很容易被我们辨识出来。北极星距离地球则达 431 光年，是最靠近北天极的一颗星，素有"天上群星拱北极"之说。你如果留意观察，就不难发现，夜空中的群星每天都在围绕北极星进行东升西落的旋转运行。不过，这条轨迹并不存在，而是由地球自西向东自转造成的错觉观感。

北斗七星

　　在晴朗的春季夜晚，向北方看去，在正北偏东一点的空中，有七颗明亮的星星，它们排列成一个巨大勺子的形状，这就是"北斗七星"。这七颗星的名字，从斗勺到斗柄依次为天枢、天璇、天玑、天权、玉衡、开阳、摇光，分别对应大熊座 α 至大熊座 η。它们中间的天权是 3 等星，其余 6 颗星都是 2 等星。将斗口的天璇、天枢两星连接起来，向外延长大约 5 倍远的距离，能看到一颗 2 等星，这就是北极星。

中国古画《斗为帝车》

北斗七星　　　　北极星

斗为帝车

　　中国古人把北极星视为"天帝"，而北斗就是天帝的车子。西汉司马迁在《史记·天官书》中说："斗为帝车，运于中央，临制四方。"意思是：北斗星是天帝乘坐的马车，天帝以中央为枢纽，坐在马车上一刻不停地巡行四方。

大熊座星象

大熊座

　　在西方星座体系中，北斗七星是大熊座的一部分，相当于大熊的后背及尾巴。大熊座里有许多星系，比较有名的是位于大熊头部的两个，对应着《梅西耶星云星团表》中的 M81 和 M82，用一台小望远镜就能欣赏它们。

开阳双星

　　北斗七星的第六颗星称为开阳。视力好的人仔细看，能在这颗星的旁边看到一颗离得很近的暗星。这颗暗星称为"辅"，它和开阳组成了一对双星，称为开阳双星。据说古代征兵时，因为没有现代的视力表，就以能否看到辅星作为判断视力好坏的标准。后来人们用望远镜观测，发现开阳星本身又是一对双星，开阳和辅星由此构成了一个三合星系统。

在望远镜中仔细观看，可以看到开阳是一对双星。

开阳

辅星
（开阳增一）

摇光

η

北

开阳 ζ

ε

斗

玉衡

δ 天权

γ 天玑

七

β

天璇

星

α

天枢

大熊座

小熊座与北极星

　　北极星位于小熊座的尾巴尖上，是小熊座最亮的星。它是一对双星，伴星很暗。小熊座的七颗主星也构成一个勺子的形状，在中国俗称"小北斗"，只不过其亮度和大小都远远不及北斗七星，因此并不引人注目。

　　如果你找到北极星，就会找到北方。怎么确定其他方向呢？请你记住八个字：面北背南，左西右东。就是说，当你面对北方时，你的背后是南方，而左边是西方，右边是东方。这是天文学上最有名的确定方向的方法。

小熊座

α

北极星

四季星空

　　为了方便认星，人们划分了四季星空。但这样的划分比较粗略，是大体上以那个季节天黑不久所看到的星空为准的。天文学上，我们以公历月份来划分四季，即：春季为3月至5月，夏季为6月至8月，秋季为9月至11月，冬季为12月至次年2月。

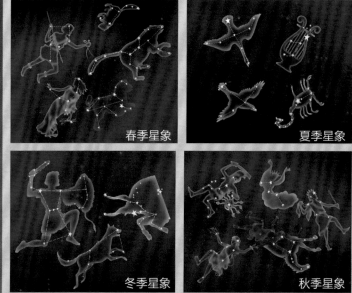

春季星象　　夏季星象

冬季星象　　秋季星象

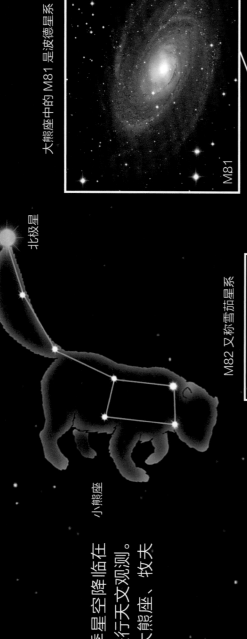

大熊座中的 M81 是波德星系

M81

小熊座

北极星

M82 又称雪茄星系

M82

大熊座

M97

开阳

摇光

大熊座中的 M97，圆形外表伴随两个如"大眼睛"，所以被猫头鹰溜溜的命名为猫头鹰星云。它约有6000年历史，是一个行星状星云。

牧夫座

大角星

春

季

大

春夜星空

春风送暖，大地复苏，迷人的春季星空降临在我们眼前。春天的天气比较暖和，适合进行天文观测。我们在这个季节能看到的星座主要有大熊座、牧夫座、狮子座、室女座等。

大角星与牧夫座

顺着北斗七星斗柄上最后三颗星形成的曲线向外看，延伸大约四倍于开阳和摇光的距离，在那里有一颗很亮的星星，它周围还有几颗较暗的星形成一个风筝一样的五边形，这就是牧夫座。那颗亮星就是牧夫座 α，中文名称大角。

大角星是北天第一亮星，就像是挂在风筝之下的一盏明灯。不过，它在全天亮星中只能排第四。可见，最亮的三颗星居然都在南天。

每年 11 月，狮子座的流星雨就从这片区域发出来。

轩辕十四

狮子座

α

θ

狮子座 α（中文名称轩辕十四）和其北面的几颗星组成一个反问号，形似狮子的头和前身。

狮子座的传说

在希腊神话中，狮子座的传说与大英雄赫拉克勒斯有关。神话给赫拉克勒斯设置了十二道难关，第一道就是取墨涅亚大森林猛狮的毛皮。这头残暴的狮子生就一副钢筋铁骨，刀枪不入，人间的武器根本伤不了它。但赫拉克勒斯毫不畏惧，依靠天生神力活活勒死了这头猛兽。

NGC 3628

M66

M65

在望远镜中，这几个星系是 M65 和它的邻居 M66 以及 NGC 3628，它们组成了一个三角形。虽然它们之间远隔数千万光年，但在我们肉眼中却像是近在咫尺，可见宇宙之广阔。

角宿一与室女座

室女座位于牧夫座的南方。顺着弧线继续向南能找到一颗大角星，只比大角星稍暗一些，这就是室女座 α，中文名称角宿一。它周围的一些暗星组成一个不规则的四边形，这就是室女座的主体，这条从北斗七星斗柄延伸出来的、经过大角星到这角宿一的曲线被称为春季大曲线。

室女座

曲

线

角宿一

角宿是东方苍龙七宿的第一宿，对应龙角，角宿一就是东方苍龙的一只角，另一只角则是另一颗亮星大角星（也有人说是角宿二）。每当春季来临，即农历二月初，天一黑，东方苍龙的两只角就从东方地平线上升起，好像角宿从东边慢慢抬起头一样，所以中国民间有"二月二，龙抬头"的说法。

夏夜星空

告别温暖的春季，我们迎来了炎热的夏季。夏夜星空可谓星光灿烂，这不仅是因为夏季有不少亮星和著名星座，还因为这个季节的银河最为壮丽。白茫茫的银河两岸，牛郎星和织女星隔河相"望"，构成了一幅迷人的风景。

NGC 7000

天鹅座

天津四

牛郎星

夏 季 大 三 角

天鹰座

M57

天琴座

织女星

夏季大三角

夏季的亮星很多，其中最显眼的，莫过于天琴座的 0 等星织女星、天鹅座的 1 等星天津四和天鹰座的 1 等星牛郎星（又称河鼓二）。这三颗星构成一个巨大的不规则三角形，银河从中"流过"，这就是夏季大三角。

天琴座中的 M57 称为"指环星云"，它与土星的环系是夜空里最著名的环状天体。

76

夏夜银河

夏季时，在一个晴朗无月的夜晚，避开城市的灯光，我们能看到一条淡淡的"玉带"自东北经过头顶而向西南，横贯整个天空，在靠近西南方地平线的地方逐渐变得开阔而明亮，宛如天上的一条大河，所以人们称其为银河。

河

银

银河宛如天上的薄云，其实是由无数暗弱的恒星组成的，只是由于星星太多、太密，我们肉眼分辨不清，所以看起来就连成了一条光带。

天琴座的传说

在希腊神话中，天琴座是大音乐家俄尔普斯的七弦琴。俄尔普斯是太阳神阿波罗的儿子，他的琴声能让山川万物陶醉，没有任何东西能抗拒那美妙音乐的魅力。他曾经用琴声帮助阿尔戈的英雄们战胜海妖西壬的歌声，还曾经弹着琴到冥府，冲破重重艰难险阻，找冥王哈得斯讨回新婚之夜被毒蛇咬死的爱妻。他的事迹世世代代被人们传诵。

织女星与天琴座

夏季的夜晚，仰望头顶偏东的方向，在银河的西岸有一颗非常醒目的白色亮星，这就是织女星。在织女星旁边靠近银河的方向有四颗暗星形成一个菱形，好像织布用的梭子，它们和织女星一起构成了天琴座。

这幅油画描绘的是俄尔普斯从冥王那里讨回爱妻

北美洲星云（NGC 7000）是位于天鹅座、靠近天津四的一个发射星云。它形似北美洲大陆，特别是与其东南的海岸很神似，因而得名。

牛郎和织女的故事

相传在很早以前，有个聪明、忠厚的小伙子名叫牛郎。他得到神牛指点，与天上的织女相识相爱，结为夫妻。但这件事遭到了王母娘娘的反对。王母派天兵天将抓走了织女。牛郎得神牛相助，用箩筐挑着一双儿女上天追赶。这时王母赶到，拔下头上的金簪往他们中间一划，一道波涛汹涌的天河出现了，将他们永远分隔在两岸。这道天河就是银河。

牛郎和织女被隔在河的两岸，只能相对哭泣流泪。王母娘娘见此情景，也稍稍为他们的坚贞爱情所感动，同意每年让牛郎和织女相会一次。自此，每逢七月初七，人间的喜鹊就要飞上天去，在银河搭鹊桥让牛郎和织女相会。

璀璨夏夜

除了牛郎星和织女星，夏夜还有许多壮观的星座和亮星。东边的银河中，有"展翅高飞"的天鹅座；南边的银河两岸，有两个著名的黄道星座——天蝎座和人马座。

天津四

天鹅座

在中国，天津四及其周围的八颗星被想象成了一艘船的形状，它们"担负"起在天河摆渡的重任。

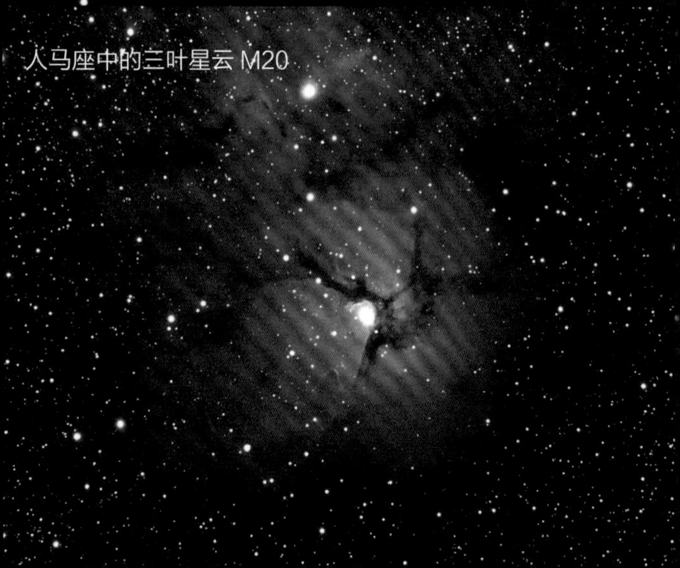

人马座中的三叶星云 M20

人马座

人马座位于天蝎座之东，星座面积比较大，却没有突出的亮星，其主体由十几颗 2 至 4 等的星构成。其中有六颗星正好形成北斗七星般的勺子形状，在中国被称为南斗六星。在人马座天区，银河非常宽广且恒星密集，这是因为我们银河系的中心就位于这个方向。人马座代表人首马身的喀戎。

星 M20

银

M22

六

人马座

斗

南

γ

δ

ε

箕宿四

人马座中的球状星团 M22

θ

α

ι

β

在希腊神话中，喀戎善良聪慧、多才多艺，许多英雄都是他的学生，不幸的是喀戎最后被他的一个学生误伤而死。喀戎死后，天神宙斯将他升上天空成为一个星座。

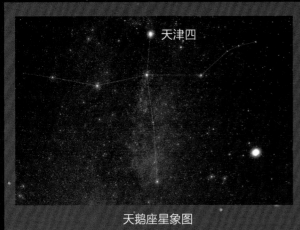

天津四与天鹅座

在织女星东面的银河之中，闪烁着一颗白色亮星，亮度比织女星略暗。这颗亮星连同周围八九颗较亮的星，构成一个巨大的十字形，这就是天鹅座。天鹅座的主体几乎完全"浸泡"在银河里。那颗最亮的白色亮星称为天津四。

天鹅座星象图

天蝎座与心宿二

天蝎座的形状非常完整，从高昂的头部、肥大的身躯到翘起的尾巴一应俱全，非常易于观测。天蝎座的最亮星——天蝎座 α 是这个星座的标志，它是一颗 1 等亮星，中文名称心宿二，又称大火星。

参商不相见

星空中有著名的猎户座参宿三星，而心宿二和它两边的两颗暗一些的星也组成了心宿三星，别称商宿三星。中国古人很早就注意到，这两组三星不会同时出现在天上。每当心宿三星升起的时候，参宿三星就向西边落下，而当参宿三星升起的时候，心宿三星却已落到了西方地平线以下。

火星　心宿二

"荧惑守心"被古人认为是大凶之兆

奇思怪问

古文中的"荧惑守心"是什么天文现象？

"荧惑"是火星在古代的名字，因其荧荧似火、行踪捉摸不定而得名。火星的颜色为火红色，因此无论是古代东方还是古代西方，都认为火星是战争、杀戮的代表。"心"指的是心宿二。火星在天上运行时，有时会有几天时间相对于恒星几乎不动，这称为"留"。如果火星"留"正好发生在心宿二旁边，这两颗火红色的亮星就会连续几天挨在一起不动，这种现象称"荧惑守心"。

王族星座

珀尔修斯战胜鲸鱼怪、拯救公主的希腊神话故事，不仅流传至今，也成了璀璨的"王族星座"的命名典故。故事里的珀尔修斯、安德洛美达公主、卡西俄帕王后、飞马等，都成了"王族星座"中的"主角"。

"王族星座"的传说

"统治"秋夜星空的"王族星座"，包括仙女座、仙王座、仙后座、英仙座、飞马座和鲸鱼座。这些星座的得名与希腊神话中的一个故事有关。相传古代有一位名叫安德洛美达的公主，她的母亲——王后卡西俄帕常夸耀她比海神波塞冬的女儿还美。海神被这话激怒，派出可怕的鲸鱼怪去兴风作浪，残害百姓。公主只好把自己当成鲸鱼怪的祭品，以拯救百姓。正当被锁在海边的公主差点被鲸鱼怪吞下时，大英雄珀尔修斯出现了。珀尔修斯勇斗鲸鱼怪，拯救了公主。后来，智慧女神雅典娜把他们都带到了天上，夜空中便多了一群耀眼的"王族星座"。

这幅油画描绘的是珀尔修斯（英仙座）战胜鲸鱼怪（鲸鱼座），拯救了安德洛美达公主（仙女座）。

仙王座

北极星

仙后座

仙女座

仙女座是希腊神话中的安德洛美达公主在天空中的化身，其中的 α 星是公主的脑袋，中文名为毕宿二。从 α 星继续向下方看，有一串稍暗的星斜斜地伸展出去，它们构成了公主的身子和腿，周围的一些暗星则被想象为公主的手和锁链。

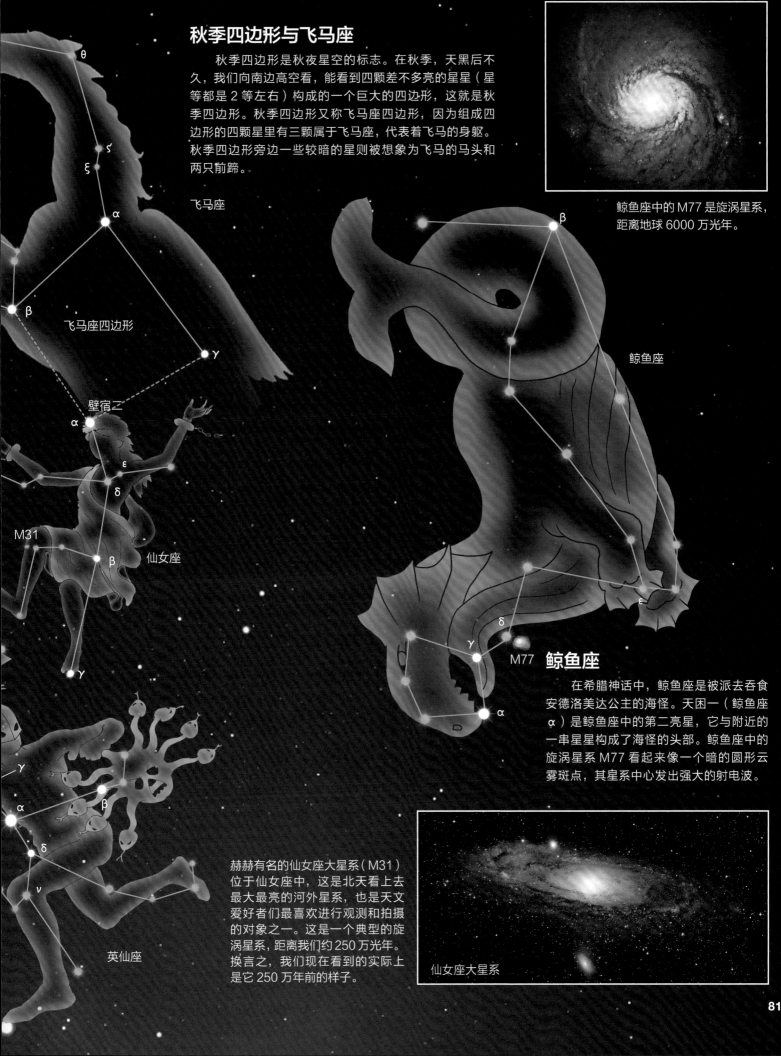

秋季四边形与飞马座

秋季四边形是秋夜星空的标志。在秋季，天黑后不久，我们向南边高空看，能看到四颗差不多亮的星星（星等都是 2 等左右）构成的一个巨大的四边形，这就是秋季四边形。秋季四边形又称飞马座四边形，因为组成四边形的四颗星里有三颗属于飞马座，代表着飞马的身躯。秋季四边形旁边一些较暗的星则被想象为飞马的马头和两只前蹄。

飞马座

飞马座四边形

壁宿二

M31

仙女座

英仙座

鲸鱼座中的 M77 是旋涡星系，距离地球 6000 万光年。

鲸鱼座

M77

鲸鱼座

在希腊神话中，鲸鱼座是被派去吞食安德洛美达公主的海怪。天囷一（鲸鱼座 α）是鲸鱼座中的第二亮星，它与附近的一串星星构成了海怪的头部。鲸鱼座中的旋涡星系 M77 看起来像一个暗的圆形云雾斑点，其星系中心发出强大的射电波。

赫赫有名的仙女座大星系（M31）位于仙女座中，这是北天看上去最大最亮的河外星系，也是天文爱好者们最喜欢进行观测和拍摄的对象之一。这是一个典型的旋涡星系，距离我们约 250 万光年。换言之，我们现在看到的实际上是它 250 万年前的样子。

仙女座大星系

秋夜星空

　　秋夜的星空有些寂寥，因为这时的星空缺少耀眼的亮星。放眼望去，满天星斗几乎都在 2 等以下，不像春季和夏季那样有许多明亮的星座。但是，一群"王族星座"给秋夜星空增添了另一番光彩。我们在秋夜里也能看到银河，此时的银河由夏季的南北走向变成了东西走向，较亮的部分已经偏西，因此总体显得比较黯淡。秋夜银河从夏夜的天鹅座尾部开始，"流过"仙后座和英仙座，"流向"冬夜的御夫座。

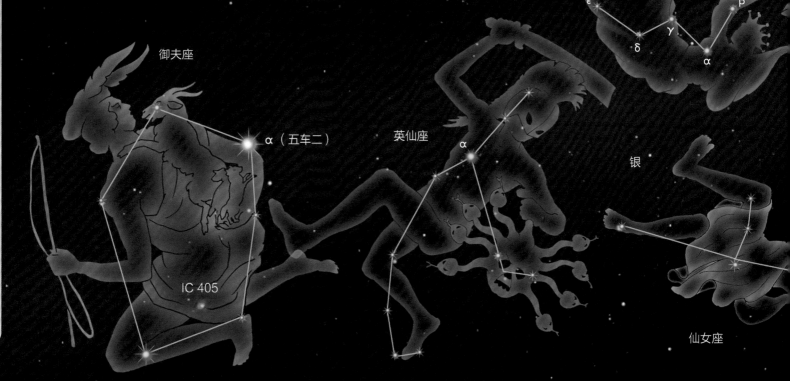

御夫座　仙王座　仙后座　英仙座　银　仙女座
α（五车二）
IC 405

御夫座 AE 星

英仙座

　　英仙座就是大英雄珀尔修斯在天空中的化身，位于仙女座的东北，仙后座的东南。遗憾的是，珀尔修斯虽然伟大，但他的化身却一点也不灿烂，因为组成英仙座的只有一颗 2 等星，剩下的都是 3 等及以下的暗星。

　　御夫座 AE 星是一颗炽热的大质量恒星，视星等为 6 等。它照亮了周围的气体和尘埃，形成 IC 405 星云（烽火恒星云）。

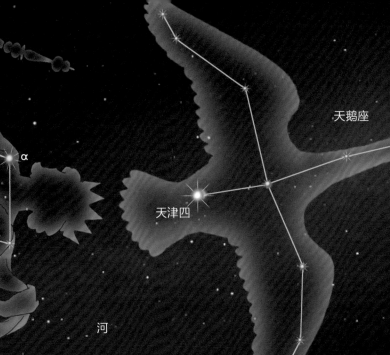

天鹅座

天津四

河

α

大陵五变星

　　英仙座中有一颗奇怪的星，名叫大陵五。它的亮度在短短两天多的时间里，会从 2 等变成 3 等，再变回 2 等。这种亮度会变化的星被称为变星。古代西方人觉得它的亮度变化实在诡异，所以称它为"魔鬼之星"。在星象图中，大陵五正好是珀尔修斯腰间挂着的女妖美杜莎的头。

大陵五变星

2.0
2.5
3.0
3.5

视星等

0　0.5　1　1.5　2　2.5　3　3.5

时间（日）

　　大陵五由两颗星组成。这两颗星会互相周期性地遮挡对方，造成亮度的周期性变化。这种类型的变星称为"食变星"。这里的"食"与"日食"或"月食"中的"食"同义。

仙后座

　　仙后座是安德洛美达公主的母亲、埃塞俄比亚王后卡西俄帕在天空中的化身，是秋夜星空中最引人注目的星座。仙后座形状比较简单，它有三颗 2 等星、两颗 3 等星，五颗主星排成一个"M"形，寻找起来非常容易。

壁宿二

仙后座 A 超新星遗迹

　　2008 年，科学家通过"哈勃"空间望远镜观测到北落师门 b，这是目前唯一一颗通过光学方式发现的太阳系外行星。

北落师门

北落师门 b

南鱼座与北落师门

　　秋夜，在南边的低空可以找到南鱼座。南鱼座虽是一个小星座，但它却拥有秋夜唯一的 1 等亮星——北落师门（南鱼座 α）。这颗星位于鱼嘴的位置上，周围很大的范围内都没有其他亮星，因此非常显眼。

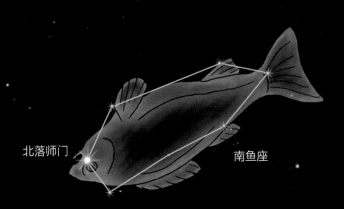

北落师门

南鱼座

猎户座和天狼星

冬季的夜晚寒冷而寂静，但它的星空却是一年中最美丽、最壮观的。冬季夜空中，繁星争相辉映，猎户座和全天最亮的恒星——天狼星，构成了夜空中最璀璨的一道风景。让我们一起来观赏它们吧。

猎户座

冬夜星空中，最引人注目的是南方天空中的一个大星座——猎户座，它是冬季星空的标志。猎户座的主体由七颗亮星组成，其中四颗亮星组成一个四边形，中间整齐地排列着三颗星。猎户座属于中国的参宿。猎户座的群星中，右下方的参宿七是最亮的星。它是一颗高温星，发出青白色的光芒，表面温度高达 12000℃。参宿四亮度和参宿七差不多，发红色光。它是一颗低温星，表面温度只有 3500℃，但是它却非常巨大，其直径相当于太阳的 700 至 1000 倍。

猎户座的故事

在希腊神话中，月亮女神阿尔特弥斯与海神波塞冬的儿子奥瑞恩一见钟情，他们经常一起出去打猎。太阳神阿波罗是阿尔特弥斯的哥哥，他不喜欢奥瑞恩。在阿波罗的精心设计下，奥瑞恩最后死在了阿尔特弥斯的箭下。痛苦万分的阿尔特弥斯请求天神宙斯将奥瑞恩提升到了天上，使他成为天空中最耀眼的猎户星座。

每逢春节期间的黄昏之后，猎户三星正好位于正南方的高空，因此中国民间有"三星正南，家家过年"的说法。

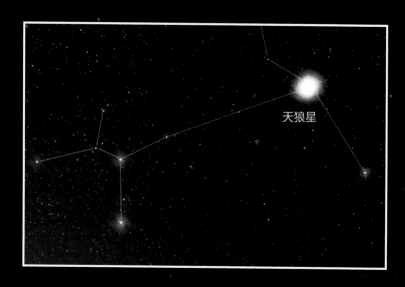

大犬座

大犬座位于猎户座的东南方。在希腊神话中，大犬是跟随猎户的两只猎犬中的一只。大犬座中著名的亮星——天狼星，是全天最亮的恒星，亮度为 −1.47 等，看上去光彩夺目。天狼星其实是一个双星系统，拥有一颗我们肉眼看不见的伴星。这颗伴星是一颗白矮星，体积比地球略大，质量却可以和太阳相比，可见它的密度很大。

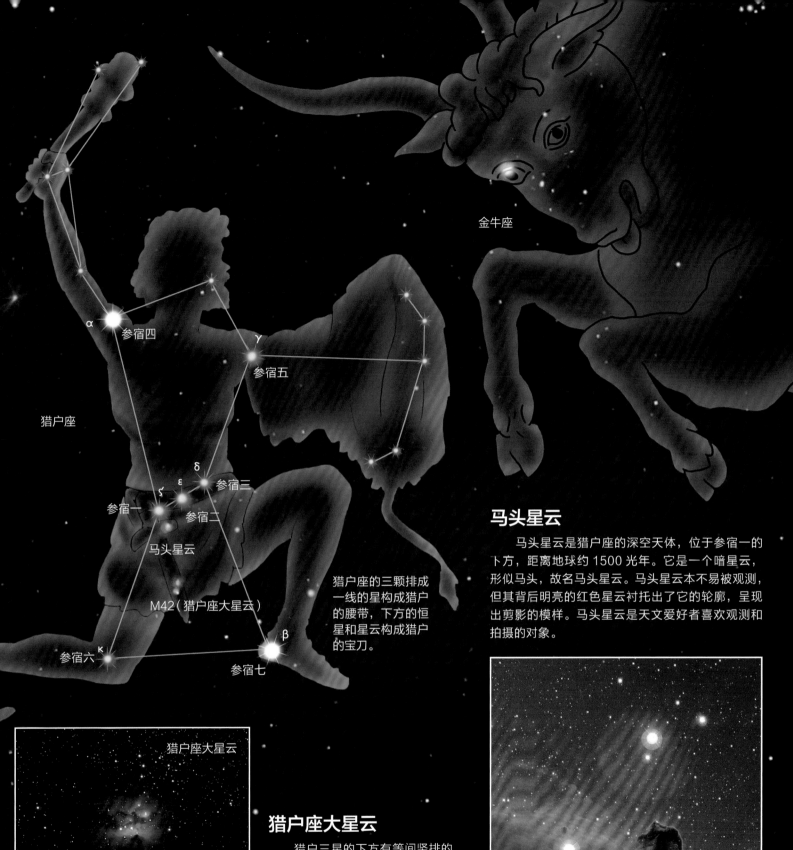

金牛座

猎户座

α 参宿四

γ 参宿五

δ ε 参宿三

ζ
参宿一 参宿二

马头星云

M42（猎户座大星云）

κ
参宿六

β
参宿七

猎户座的三颗排成一线的星构成猎户的腰带，下方的恒星和星云构成猎户的宝刀。

马头星云

马头星云是猎户座的深空天体，位于参宿一的下方，距离地球约 1500 光年。它是一个暗星云，形似马头，故名马头星云。马头星云本不易被观测，但其背后明亮的红色星云衬托出了它的轮廓，呈现出剪影的模样。马头星云是天文爱好者喜欢观测和拍摄的对象。

猎户座大星云

猎户座大星云

猎户三星的下方有等间竖排的稍暗的三颗星，被人们想象为猎人腰间悬挂的宝刀。在"宝刀"中央，有一个著名的星云称为猎户座大星云。猎户座大星云是全天最亮、最有魅力的星云，就像镶嵌在"宝刀"上的一颗明珠。猎户座大星云是一个弥漫星云，用一架小型天文望远镜，我们就能看出其飞鸟展翅般的形状，用照相的方法能将这个星云拍出鲜艳的红色。

马头星云

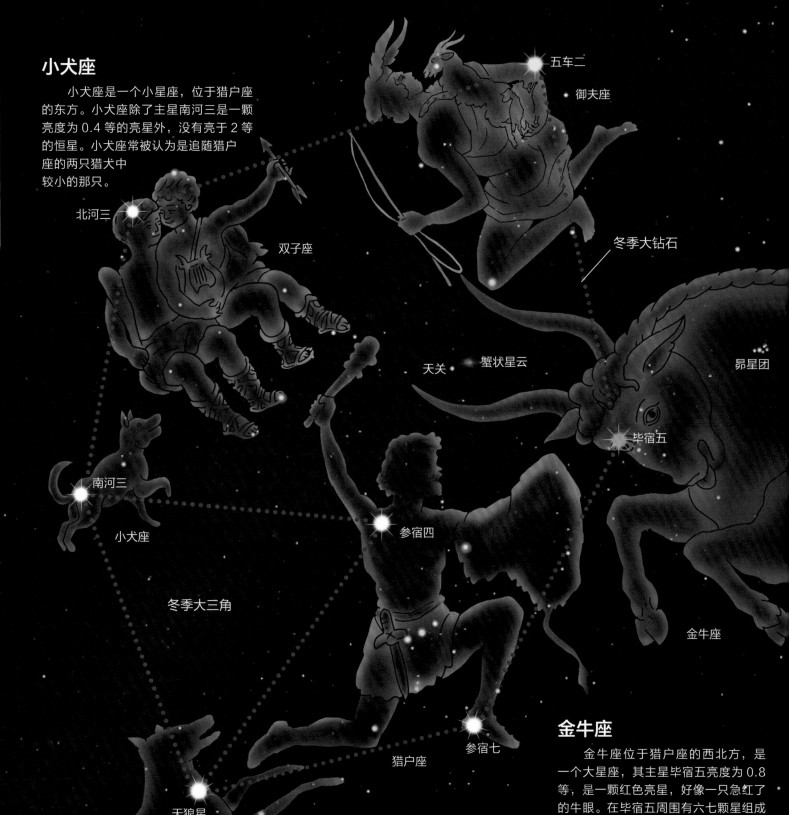

小犬座

小犬座是一个小星座，位于猎户座的东方。小犬座除了主星南河三是一颗亮度为 0.4 等的亮星外，没有亮于 2 等的恒星。小犬座常被认为是追随猎户座的两只猎犬中较小的那只。

五车二

御夫座

北河三

双子座

冬季大钻石

天关　蟹状星云

昴星团

毕宿五

南河三

小犬座

参宿四

冬季大三角

金牛座

金牛座

金牛座位于猎户座的西北方，是一个大星座，其主星毕宿五亮度为 0.8 等，是一颗红色亮星，好像一只急红了的牛眼。在毕宿五周围有六七颗星组成一个 V 字形，这就是毕星团。

参宿七

猎户座

天狼星

大犬座

冬夜星空

除了猎户座和天狼星，冬夜还有许多灿烂迷人的星座，有许多 1 等以上的亮星，比如金牛座的毕宿五、御夫座的五车二、双子座的北河三、小犬座的南河三等。

御夫座星象图

御夫座

御夫座位于猎户座的北方，在冬夜前半夜都处于接近天顶的位置。御夫座的明显特征是由五颗亮星组成一个巨大的五边形，就像天河上的一个大风筝。五边形最南边的那颗星是金牛座的 β 星。御夫座的主星名称五车二，是一颗 0 等亮星。

双子座

双子座位于猎户座的东北方，其中较亮的两颗星相距较近，它们象征着希腊神话中的孪生兄弟卡斯托尔和波吕克斯。在两颗亮星的下面并列着一些稍暗的星，构成一个长方形，它们组成了"双子"的身躯、双手和双脚。双子座 α 为"兄"，中文名称北河二；双子座 β 为"弟"，中文名称北河三。北半球三大流星雨之一的"双子座流星雨"辐射点就位于双子座。双子座流星雨每年 12 月 14 日左右极大。

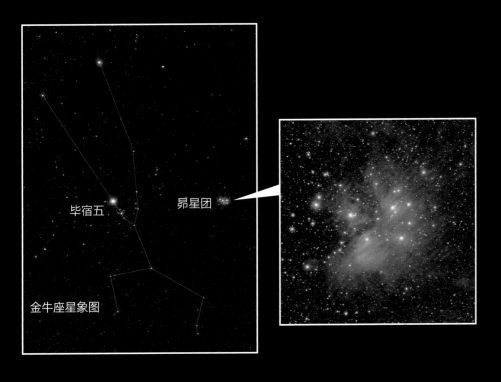

金牛座星象图

双子座星象图

昴星团

从毕宿五往西北方向看，能看到很密集的一团小星在天幕中闪闪发光，这就是昴星团。昴星团是一个疏散星团，在民间被称为"七姐妹星"。观测昴星团时，我们以肉眼能看到 6 颗或 7 颗星，用小望远镜就能看到上百颗星，用相机拍照很容易拍到星团中有轻纱般的星云。

在天关星旁边，有一个著名的天体——蟹状星云。它是一个著名的超新星遗迹。1054 年，中国宋代天文学家记录在天关星附近出现了一颗惊人的亮星。将近 700 年后，在当年超新星爆发的位置，科学家们发现了蟹状星云，并最终证明这就是 1054 年超新星爆发的遗迹。

冬季大三角和大钻石

冬季亮星璀璨，把猎户座的参宿四、大犬座的天狼星、小犬座的南河三用想象的线段连接起来，恰好形成一个等边三角形，这就是冬季大三角。除了冬季大三角，人们还凭借想象力，在冬夜星空这幅璀璨的画布上，绝无仅有地勾勒出一个冬季"大钻石"。

南半球星空

南半球的星空，直到 1500 年以后大航海时代的到来，才逐渐为文明社会所认识。南天星空同样壮观美丽，这是因为全天最亮的恒星中，排名前三的都位于南天，这三颗星是天狼星、老人星和南门二。其次，银河最宽、最亮的部分，在南半球观看时，位于很高的地方，非常壮观。另外，南天还有两片巨大的云雾状天体——大麦哲伦云和小麦哲伦云。

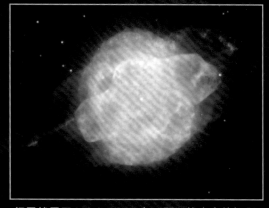

行星状星云 NGC 3918 有一颗即将衰亡的恒星。伴随着几十倍的体积膨胀，恒星将大量气体抛向深空，将其像蚕茧一样层层包裹起来。

半人马座 α 星视星等 −0.27 等，是全天第三亮星；β 星视星等 0.61 等，为全天第十一亮星。这两颗星距离很近，中国古代将它们合称为"南门双星"。14 世纪郑和下西洋时曾以"南门双星"导航。

在南半球看银河

银河是银河系的盘面在天空中的投影。银河系的中心位于人马座方向，这里的银河最宽、最亮。在北半球中纬度地区向人马座观看时，银河系中心总是在地平线附近，不及在南半球观看时显得壮观。在南半球观天，银河的中心很高，最高时可以到达天顶附近，非常壮观。在环境好的地方观测，银河中心的亮度甚至可以照物生影。

半人马座

NGC 5128

NGC 3918

南十字座

珠宝盒星团

豺狼座

α

α

圆规座

矩尺座

天燕座

南三角座

σ

南极座

在希腊神话中，半人马是一种奔跑迅速、半人半兽的生物。虽然形象可怕，但半人马举止温和善良，时常与人类交往，有时会惹是生非。

南半球星空

α

在中国，只有南方几个省份在春天的晚上能看到半人马座。

半人马座

半人马座包含许多著名的天体，是南天重要的星座。半人马座 α 星是全天第三亮的恒星，中文名称南门二。南门二不是一颗单星，而是一个三合聚星系统，也是距离太阳最近的恒星系统，因此非常有名。南门二 C 星是一颗很暗的星，距离地球只有 4.2 光年，它就是大名鼎鼎的比邻星。

船帆座　船尾座

船底座

大麦哲伦云

山案座

小麦哲伦云

星系 NGC 5128 位于半人马座，是本星系群外最亮的星系，距离地球约 1200 万光年。

圆规座

圆规座原名指南针座，后因其形好像圆规，正式命名为"圆规座"。这个星座亮星不多，在天空中不起眼，我们可以在半人马座和南三角座的夹缝中找到它。圆规座 α 星是一对双星。

南极座

南极座最初被称为航海八分仪座，它包含南天极所在的点。南极座和小熊座是全天两个很荣耀的星座。小熊座有北极星，可惜南极座所在的天区非常贫瘠，没有与北极星相媲美的亮星。最靠近南天极的恒星是南极座 σ 星，其视星等只有 5.4 等。

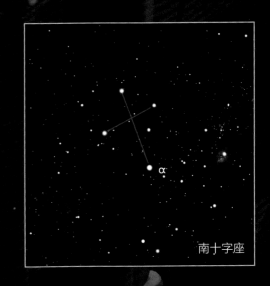

南十字座

南十字座

南十字座是南天的代表星座。这个星座面积很小，是全天面积最小的星座。它的四颗主星形成一个十字架的形状，其中有三颗都是 1.5 等以上的亮星。南十字座正好"浸泡"在银河里，与北天天鹅座的十字架形状遥相呼应。南十字座在南天是如此显眼，以至于对南半球文化产生了深远的影响。澳大利亚、新西兰、巴布亚新几内亚等南半球国家的国旗上，都有南十字座的图案。

南十字座中的珠宝盒星团是一个由约 100 颗恒星组成的疏散星团，直径约 20 光年。

南船座

在南天，曾经有一个非常巨大、亮星很多的星座，称为南船座。在希腊神话传说中，大英雄伊阿宋带领数十人远渡重洋，到黑海岸边的王国寻找金羊毛，相传南船座就是他们乘坐的那艘大船。18 世纪时，天文学家认为南船座所占天区面积过大，因此将其拆分成船尾座、船帆座、船底座、罗盘座 4 个星座。即便如此，其中的船尾座、船帆座和船底座仍然很大。南船座拆分后，星座中的恒星仍沿用它们在南船座中的希腊字母编号。

八字星云
NGC 3132

"哈勃"空间望远镜拍摄的八字星云

船帆座

NGC 3372

船底座

IC 2391

船帆座

船帆座代表南船的船帆，星座中的恒星编号从 γ 开始。在船帆座 γ 和船帆座 λ 之间，可以找到船帆座超新星遗迹的气体带，这次超新星爆炸发生在约 11000 年前，但其爆炸后的影响还在继续。IC 2391 是船帆座中最适宜用肉眼或双筒望远镜观看的星团，它由数十颗恒星组成，覆盖一片比满月还大的区域。

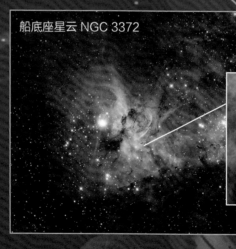

船底座星云 NGC 3372

钥匙孔星云

钥匙孔星云因其形状又被称为"上帝的手指"或"上帝的小鸟"

船底座

船底座代表南船的龙骨，星座大部分处于银河中。船底座 α 星就是著名的老人星，是一颗白色超巨星，距离地球 310 光年，亮度仅次于天狼星，是全天第二亮星，视星等 −0.72。船底座大星云 NGC 3372 看上去是一团发光的气体，其外观长期在改变。星云中最密集、最明亮的部分是一颗不寻常的变星，它曾在 19 世纪时突然闪耀，成为全天第二亮星，如今星等又降回到 5 等。

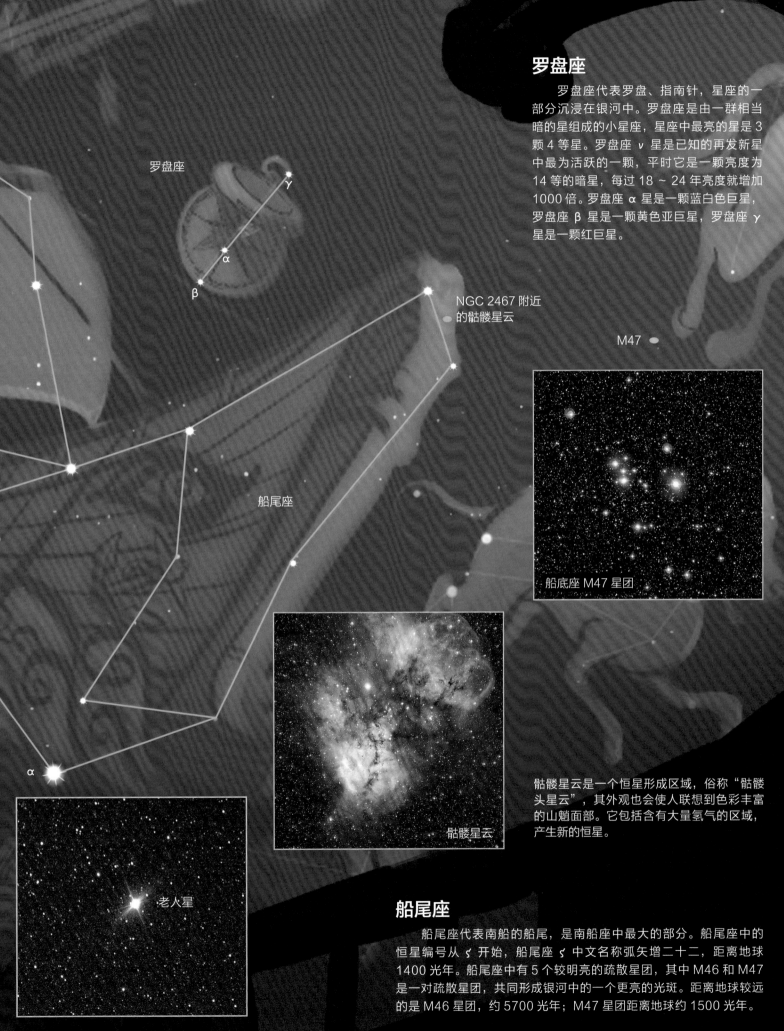

罗盘座

罗盘座代表罗盘、指南针，星座的一部分沉浸在银河中。罗盘座是由一群相当暗的星组成的小星座，星座中最亮的星是3颗4等星。罗盘座 ν 星是已知的再发新星中最为活跃的一颗，平时它是一颗亮度为14等的暗星，每过 18～24 年亮度就增加1000倍。罗盘座 α 星是一颗蓝白色巨星，罗盘座 β 星是一颗黄色亚巨星，罗盘座 γ 星是一颗红巨星。

罗盘座

γ

α

β

NGC 2467 附近
的骷髅星云

M47

船尾座

船底座 M47 星团

骷髅星云

老人星

骷髅星云是一个恒星形成区域，俗称"骷髅头星云"，其外观也会使人联想到色彩丰富的山魈面部。它包括含有大量氢气的区域，产生新的恒星。

船尾座

船尾座代表南船的船尾，是南船座中最大的部分。船尾座中的恒星编号从 ζ 开始，船尾座 ζ 中文名称弧矢增二十二，距离地球1400 光年。船尾座中有 5 个较明亮的疏散星团，其中 M46 和 M47 是一对疏散星团，共同形成银河中的一个更亮的光斑。距离地球较远的是 M46 星团，约 5700 光年；M47 星团距离地球约 1500 光年。

麦哲伦云

1519 年，航海家麦哲伦带领船员们航行到南半球时，看到了许多从未见过的星星，还发现天空中有两团云雾样的天体，即对它们做了精确描述和记录。这两团云雾其实是两个河外星系，但当时的人们以为它们是星云，为了纪念麦哲伦，就将它们称为大麦哲伦云和小麦哲伦云，合称麦哲伦云。其实，早在公元前就有对这两个天体的记录。10 世纪阿拉伯人和 15 世纪葡萄牙人航行到南半球时，都曾注意到南天星空这两个云雾状天体，当时称其为"好望角云"。

小麦哲伦云

小麦哲伦云是本星系群中比较小的绕银河系运转的不规则星系，它拥有数亿颗恒星，距离地球约 19 万光年，质量约为大麦哲伦云的 1/10。在地球南半球仰望星空，小麦哲伦云好似银河系被分割的一个片段，由于其表面光度很低，我们要在黑暗的环境下才能看清小麦哲伦云。最近，美国天文学家利用太空望远镜上的红外摄像机，对小麦哲伦云进行了观测和研究。与大麦哲伦云相似，小麦哲伦云也正在经历剧烈的恒星形成过程。

小麦哲伦云

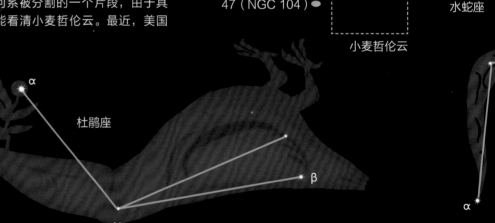

β

47（NGC 104） 水蛇座

小麦哲伦云

α

杜鹃座

β

α

γ

杜鹃座 47 球状星团（NGC 104）

杜鹃座

小麦哲伦云位于杜鹃座中，其附近的两个球状星团是银河系中的前景天体，与小麦哲伦云无关。杜鹃座中的球状星团 NGC 362 较小且较暗，需要借助望远镜才能看见。杜鹃座 β 是以肉眼或望远镜可见的一对双星，两颗星分别为 4 等星和 5 等星。

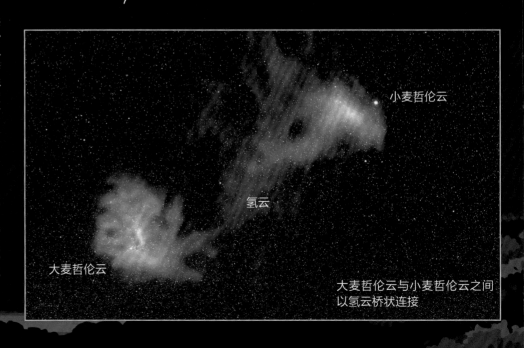

小麦哲伦云

氢云

大麦哲伦云

大麦哲伦云与小麦哲伦云之间以氢云桥状连接

大麦哲伦云

大麦哲伦云

大麦哲伦云是本星系群中比较小的不规则星系，它有一个由老年红色恒星组成的棒状核心，外面环绕着年轻的的蓝色恒星。大麦哲伦云是离我们第二近的星系，距地球约16万光年，直径约为银河系的1/5，围绕银河系转动的周期约15亿年。天文学家观测发现，大麦哲伦云中有一个异常明亮的超级气泡。近年来，大麦哲伦云发生了望远镜发明以来距离最近的超新星爆发，它将告诉我们许多关于恒星生命中最后阶段的信息。

山案座

大麦哲伦云

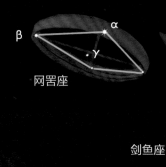
网罟座

剑鱼座

剑鱼座和山案座

大麦哲伦云的大部分位于剑鱼座中，并一直延伸到山案座。剑鱼座 β 是最亮的造父变星之一，其星等以 9.8 天为周期在 3.5 等至 4.1 等之间变化。剑鱼座 R 是一颗不稳定的红巨星，其星等以 11 个月为周期在 5 等至 6 等之间变化。山案座是全天 88 个星座中最暗弱的一个，其中最亮的恒星山案座 α 星为 5 等星。

麦哲伦流

大麦哲伦云和小麦哲伦云都富含星族I天体，气体比例比银河系大得多。它们被包围在一个巨大的冷中性氢云里，从中伸出一个细长的物质条跨越天空指向银河系，称为麦哲伦流。麦哲伦流包含 10 亿倍太阳质量的气体，有可能是 2 亿年前当麦哲伦云从银河系近旁通过时由于潮汐作用剥离下来的。麦哲伦云在一个差不多垂直于银盘的平面上绕银河系旋转，可能最终由于潮汐摩擦沿螺旋轨道掉入银河系。

剑鱼座蜘蛛星云 NGC 2070

星图

工欲善其事，必先利其器。要想很好地欣赏星空，一份合适的星图必不可少。星图的类型多种多样，有入门认星用的活动星图，有初阶爱好者用的 6.5 等纸质星图，还有电脑、手机上种类繁多的电子星图。

活动星图

活动星图由两部分组成，中层是一个圆形转盘，转盘中间的区域是星图，印有北纬 30° 上下的地区一年中能看到的全部星空，转盘的正中央是北天极。转盘边上的一圈是月份和日期，代表几月几日。活动星图最大的优点在于，只要知道日期和时间，就能方便地找到当时的星座，而且星图上显示的星座位置、高度、角度都和实际看到的比较一致。

活动星图

仙王座中的彩虹星云

猎犬座中美丽的涡状星系

使用星图时，将转盘上的日期与外层上的时间对应上，星图上即显示出你当时所看到的星空。转盘的周边标有四个方向，下方为南，上方为北，左边为东，右边为西。星图的边缘就是当时实际的地平圈。

电脑星图软件

电脑星图软件是我们了解星空的好帮手。软件"虚拟天文馆（Stellarium）"能让我们以 3D 形式欣赏星空，视觉效果接近真实观望星空时的感觉，并且可以轻松地搜寻天体，看见行星放大后的表面细节等。还有一款软件称为"Skymap"，软件中收录的天体数据比"虚拟天文馆"还多，而且有许多实用的辅助功能。

虚拟天文馆

双子座中的爱斯基摩星云

NGC 2392

麒麟座中的玫瑰星云

NGC 2244

手机星图 APP

智能手机上有许多观星 APP 可以帮助你认识星空。这些 APP 可显示星空中的星座连线、名字，并且可以利用手机的 GPS 直接设置观测地点，利用陀螺仪等设备自动判断手机所指的方位，显示这个方位的星空。选中某个天体，还能显示这个天体的详细信息。当然，你也可以自定义观测地点和时间，软件中就会显示彼时彼地的星空。

安卓系统有很多星图 APP

纸质 6.5 等星图

纸质 6.5 等星图适合刚入门的深空天体爱好者，是极限星等为 6.5 等的纸质星图，如《实用全天星图》就收录了 9000 多颗 6.5 等及以上的恒星。这份星图上，星云、星团、星系的极限星等为 9.5 等，行星状星云的极限星等为 10.5 等，其中比较大的深空天体，会按照实际大小的比例和形状进行绘制。每幅星图旁边还配有一个索引表，以便查询。

纸质星图

编辑委员会

主　任	欧阳自远
副主任	石 磊
编　委 （以姓氏笔画为序）	王俊杰　尹传红　石 磊 白武明　朱 进　朱菱艳 刘金双　李 元　李 竞 何香涛　欧阳自远　庞之浩 郑永春　焦维新　潘厚任
执行主编	朱菱艳
文字撰稿 （以姓氏笔画为序）	卢 瑜　付晓辉　孙欣荣 李文昕　李建玲　杨文利 何丽萍　姜 湾　姚 源 寇 文　蒋宇平　喻耐平 詹 想
图片绘制	蒋和平　李 谦
图片提供	新华通讯社　全景网　华盖网 美国国家航空航天局 欧洲航天局　俄罗斯联邦航天局
（以姓氏笔画为序）	王亚男　王俊杰　王艳梅 石 磊　卢 瑜　刘 红 刘 蔚　李 昊　何香涛 周 武　庞之浩　崔建平 蒋宇平　喻京川　喻耐平 詹 想　燨 麒

主要编辑出版人员

出版人	刘祚臣
策划人	朱菱艳
责任编辑	马思琦
特约编审	朱菱艳
编　辑	王 艳　张紫微　郑若琪
美术编辑	蒋和平　李 谦
排版制作	张紫微　杨宝忠　曹文强
封面设计	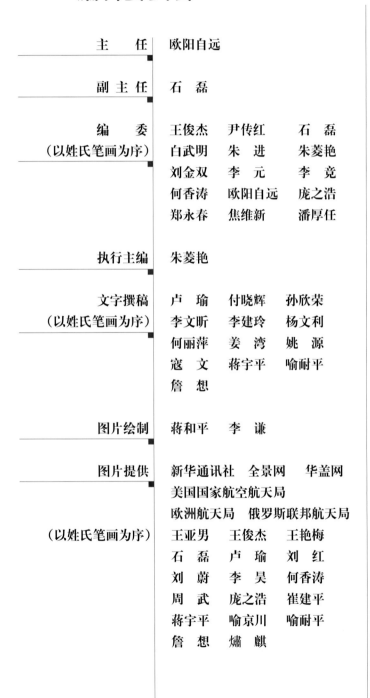参天树 TOPTREE
责任印制	邹景峰
致　谢	中国国家天文台 北京天文馆 中国科学院老科学家科普演讲团 北京市第七中学 北京市西城区五路通小学